看图学建筑工程施工技能系列丛书

看图学装饰装修施工技能

本书编委会　编

中国建筑工业出版社

图书在版编目（CIP）数据

看图学装饰装修施工技能/本书编委会编. —北京：
中国建筑工业出版社，2015.7
（看图学建筑工程施工技能系列丛书）
ISBN 978-7-112-18108-7

Ⅰ.①看…　Ⅱ.①本…　Ⅲ.①建筑装饰-工程施工-
图解　Ⅳ.①TU767-64

中国版本图书馆 CIP 数据核字（2015）第 096305 号

　　本书以最新颁布的《住宅装饰装修工程施工规范》GB 50327—2001、《建筑幕墙气密、水密、抗风压性能检测方法》GB/T 15227—2007 以及《建筑室内吊顶工程技术规程》CECS 255：2009 等规范规程为依据编写。主要介绍了抹灰工程、门窗工程、吊顶工程、饰面镶贴、挂贴，建筑幕墙与隔断工程以及油漆与裱糊。

　　本书内容丰富、语言精练、实用性强。可供从事装饰装修的施工人员以及相关专业院校的师生参考和使用。

＊　　＊　　＊

责任编辑：岳建光　张　磊
责任设计：张　虹
责任校对：李美娜　赵　颖

看图学建筑工程施工技能系列丛书
看图学装饰装修施工技能
本书编委会　编
＊
中国建筑工业出版社出版、发行（北京西郊百万庄）
各地新华书店、建筑书店经销
霸州市顺浩图文科技发展有限公司制版
北京同文印刷有限责任公司印刷
＊
开本：787×1092 毫米　1/16　印张：12　字数：286 千字
2015 年 7 月第一版　　2015 年 7 月第一次印刷
定价：**29.00** 元
ISBN 978-7-112-18108-7
（27323）

编 委 会

主 编　巩晓东

参 编　王志云　张　珂　王建彬　张俊新

　　　　王文权　张　敏　危　聪　高少霞

　　　　隋红军　殷鸿彬　张　彤

前　言

随着我国经济的快速发展，建设行业已经取得了一定的成绩，但在某些施工技术方面还存在着一些问题。比如，装饰装修工程的施工质量难以得到有效的保障，装饰装修工程的施工技术亟须提高和改进。所以，提高广大施工人员的专业技术水平，已经成为当今建设行业的重中之重。基于这些原因，我们编写了此书，希望对广大从事装饰装修施工的技术人员有所帮助。

本书以最新颁布的《住宅装饰装修工程施工规范》GB 50327—2001、《铝合金门窗》GB/T 8478—2008、《建筑幕墙气密、水密、抗风压性能检测方法》GB/T 15227—2007、《建筑室内吊顶工程技术规程》CECS 255：2009 以及《建筑装饰装修工程质量验收规范》GB 50210—2001 等规范规程为依据编写。共分为 6 章，包括：抹灰工程，门窗工程，吊顶工程，饰面镶贴、挂贴，建筑幕墙与隔断工程，油漆与裱糊。本文采用看图学施工技能的方法为读者介绍了关于装饰装修施工技能的相关问题。

本书在编写过程中参阅和借鉴了许多优秀书籍和有关文献资料，并得到了有关领导和专家的指导帮助，在此一并向他们致谢。由于编者的学识和经验所限，虽尽心尽力，但书中仍难免存在疏漏或未尽之处，恳请广大读者和专家批评指正。

目　　录

第1章　抹灰工程

1.1　一般抹灰施工

1. 墙面抹灰施工技术

（1）找规矩

抹灰前必须先找好规矩，即四角规方、横线找平、立线吊直、弹出准线和墙裙、踢脚板线。

普通抹灰与高级抹灰找规矩的具体做法见下表。

图　示	做　法
 图 1-1　做灰饼 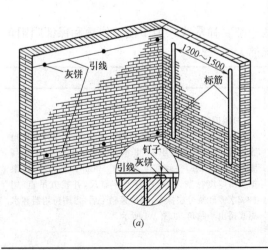 (a)	1）普通抹灰： 　①先用托线板检查墙面平整垂直程度，大致决定抹灰厚度（最薄处一般不小于 7mm），再在墙的上角各做一个标准灰饼（用打底砂浆或 1∶3 水泥砂浆，也可用水泥∶石灰膏∶砂＝1∶3∶9 混合砂浆，遇有门窗口垛角处要补做灰饼），大小 5cm 见方，厚度以墙面平整垂直决定，如图 1-1 所示；然后根据这两个灰饼用托线板或线坠挂垂直做墙面下角两个标准灰饼（高低位置一般在踢脚线上口），厚度以垂直为准，再用钉子钉在左右灰饼附近墙缝里，拴上小线挂好通线，并根据小线位置每隔 1.2～1.5m 上下加做若干标准灰饼［图 1-2(a)］，待灰饼稍干后，在上下灰饼之间抹上宽约 10cm 的砂浆冲筋，用木杠刮平，厚度与灰饼相平，待稍干后可进行底层抹灰。凡在门窗口、垛角处必须做灰饼［图 1-2(b)］

图　　示	做　　法

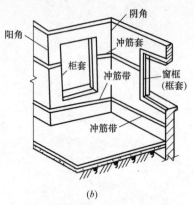

图 1-2　挂线做标准灰饼及冲筋

(a)灰饼、标筋位置示意;(b)水平横向标筋示意

图 1-3　墙高 3.2m 以上灰饼做法

②　当层高大于 3.2m 时,应从顶到底做灰饼标筋,在架子上可由两人同时操作,使一个墙面的灰饼标筋出进保持一致,如图 1-3 所示。

2)高级抹灰与普通抹灰做法相同,但要先将房间规方,小房间可以一面墙做基线,用方尺规方即可,如房间面积较大,要在地面上先弹出十字线,以作为墙面抹灰准线,在离墙角约 10cm 左右,用线坠吊直,在墙上弹一立线,再按房间规方地线(十字线)及墙面平整程度向里反线,弹出墙角抹灰准线,并在准线上下两端排好通线后做标准灰饼及冲筋

（2）阴、阳角找方

普通抹灰要求阴角找方。对于除门窗口外，还有阳角的房间，则首先要将房间大致规方。方法是先在阳角一侧墙做基线，用方尺将阳角先规方，然后在墙角弹出抹灰线，并在准线上下两端挂通线做标志块。

高级抹灰要求阴阳角都要找方，阴阳角两边都要弹基线，为了便于作角和保证阴阳角方正垂直，必须在阴阳角两边都做标志块和标筋。

图　　示	做　　法

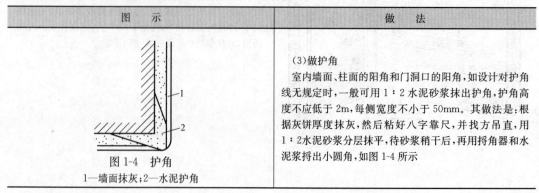

图 1-4　护角

1—墙面抹灰;2—水泥护角

（3）做护角

室内墙面、柱面的阳角和门洞口的阳角,如设计对护角线无规定时,一般可用 1:2 水泥砂浆抹出护角,护角高度不应低于 2m,每侧宽度不小于 50mm。其做法是:根据灰饼厚度抹灰,然后粘好八字靠尺,并找方吊直,用1:2 水泥砂浆分层抹平,待砂浆稍干后,再用捋角器和水泥浆捋出小圆角,如图 1-4 所示

图　示	做　法

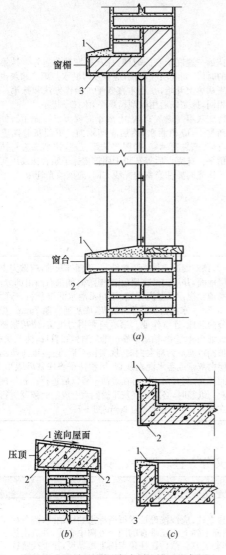

窗楣
窗台

(a)

流向屋面
压顶

(b)　　*(c)*

图 1-5　流水坡度、滴水线(槽)示意图
(a)窗洞；(b)女儿墙；(c)雨篷、阳台、檐口
1—流水坡度；2—滴水线；3—滴水槽

(4)墙面抹灰

1)基层为混凝土时,抹灰前应先刮素水泥浆一道；在加气混凝土或粉煤灰砌块基层抹石灰砂浆时,宜先洒水湿润,浇水量以水分渗入砌块深度 8～10mm 为宜,且浇水宜在抹灰前一天进行,但抹灰时墙面不显浮水。浇水后立即刷 108 胶：水＝1：5 溶液一道,抹混合砂浆时,应先刷 108 胶(掺量为水泥重量的 10%～15%)水泥浆一道

2)在加气混凝土基层上抹底灰的强度宜与加气混凝土强度接近,中层灰的配合比亦宜与底灰基本相同。底灰宜用粗砂,中层灰和面灰宜用中砂。

3)采用水泥砂浆面层时,须将底子灰表面扫毛或划出纹道,面层应注意接槎,表面压光不得少于两遍,罩面后次日进行洒水养护。抹灰层在凝结前,应防止快干、水冲、撞击和振动。

4)纸筋灰或麻刀灰罩面,宜在底子灰五六成干时进行,底子灰如过于干燥应先浇水润湿,罩面分两遍压实赶光。

5)墙面阳角抹灰时,先将靠尺在墙角的一面用线坠找直,然后在墙角的另一面顺靠尺抹上砂浆。

6)室内墙裙、踢脚板一般要比罩面灰墙面凸出 3～5mm,根据高度尺寸弹上线,把八字靠尺靠在线上用铁抹子切齐,修边清理。

7)踢脚板、门窗贴脸板、挂镜线、散热器和密集管道等背后的墙面抹灰,宜在它们安装前进行,抹灰面接槎应顺平。

8)外墙窗台、窗楣、雨篷、阳台、压顶和突出腰线等,上面应做流水坡度,下面应做滴水线或滴水槽(图 1-5)。滴水槽的深度和宽度均不应小于 10mm,并整齐一致

2. 顶棚抹灰施工技术

图　示	做　法
	(1)混凝土顶棚抹灰：抹灰之前用粉线包在靠近顶棚的墙上弹一条水平线,作为抹灰找平的依据。抹灰时,操作者身体略侧偏,一脚在前,一脚在后,呈丁字步站立。两膝稍前弓,身体稍后仰,一手持抹子,一手持灰板,抹子向前伸,另一种方法是抹子向后拉,如图 1-6 所示。

图 示	做 法
图 1-6 抹灰方法示意图 1—灰板；2—抹子	抹第一遍底子灰的时候，抹灰厚度越薄越好。抹第二遍的时候，如底层吸水快，应该及时洒水。第二遍灰也应该先从边上开始，并用木杠找平。操作方法和抹第一遍灰相同，抹完以后用软刮尺顺平，木抹子搓平。 待底灰第二遍灰有六、七成干时就可以罩面了。如果墙面过干，应稍洒水，然后立即罩面。罩面灰分两遍成活，第一遍越薄越好，紧跟着抹第二遍，抹第二遍时抹子要稍平。抹完以后等灰稍干用钢皮抹子顺着抹纹压实压光。压光时要注意室内光线方向，应该顺光赶压
预制混凝土楼板 1:0.5:4水泥白灰砂浆抹底灰，7mm厚 白灰膏，水泥白灰膏或2mm厚纸筋灰 图 1-7 预制混凝土楼板顶棚抹灰	（2）预制混凝土楼板顶棚抹灰：顶棚抹灰前，应做完上一楼层地面，并用扫帚将顶板清扫干净，如果有凸出部分，应该凿掉。视顶板湿润程度，用扫帚蘸水润湿顶板，然后用1:0.5:4水泥白灰砂浆抹底灰，底灰通常厚7mm。操作时分两遍抹，连续作业。第一遍要用力压实，使灰浆挤入顶板细小缝隙中，粘结牢靠。第二遍紧跟着抹，注意找平。如顶棚罩面灰为刮大白时，底灰搓平后，还应该薄薄刮上一层白灰膏或者水泥白灰膏，用铁抹子将底灰砂眼填平，表面压光，刮大白工序可在墙面干燥以后进行。若顶棚罩面灰为纸筋时，必须在底灰干燥到六七成的时候就进行纸筋灰罩面，其厚度通常为2mm(图1-7)

3. 柱抹灰施工技术

柱一般分为砖柱、砖壁柱和钢筋混凝土柱，又分方柱、圆柱、多角形柱等。

图 示	做 法
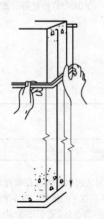图 1-8 独立方柱找规矩	（1）方柱 1）找规矩。若方柱为独立柱，应该按设计图纸所标志的柱轴线，测量柱子的几何尺寸和位置，在楼地面上弹上相互垂直的两个方向中心线，并放出抹灰后的柱子边线，注意阳角都要方规。然后在柱子卡固上短靠尺，拴上线坠往下垂吊，并调整线坠对准地面上的四角边线，检查柱子各面的垂直和平整度。如果不超差，在柱四角距地坪和顶棚各15cm左右处做标志块，如图1-8所示。如果柱面超差，应该进行处理，再找规矩，做标志块。 若有两根或两根以上的柱子，应该先根据柱子的间距找出各柱中心线，并用墨斗在柱子的四个方面上弹上中心线，然后在一排柱子两侧柱子的正面上外边角（距顶棚15cm左右）做标志块，再以此标志块为准，垂直挂线做下外边角的标志块，再上下拉水平通线做所有柱子正面上下两边标志块，每个柱子正面上下左右共做四个。根据正面的标志块，上下拉水平通线，做各柱反面的标志块。正面、反面标志块做完后，用套板中心对准柱子正面或反面中心线，做柱两侧面的标志块。 2）抹灰。柱子四面标志块做好以后，应该先在侧面卡固八字靠尺，抹正反面，再把八字靠尺卡固正、反面，再抹两侧面，其抹灰分层做法与混凝土顶棚相同。但是底、中层抹灰要用短木杠刮平、木抹子搓平，第二天抹面层压光。柱子抹灰要随时检查柱面上下垂直平整，边角方正，外形一致整齐。柱子抹踢脚线的高度要一致。柱子边角可以用铁抹子顺线角轻轻抽拉。 砖壁柱抹灰和方柱相同。但是找规矩时要注意各个砖壁柱进出要一致，与墙交接的阴角处也要规方。抹灰的时候阴角要顺直

图　示	做　法

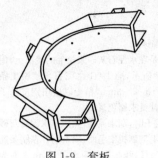

图 1-9　套板

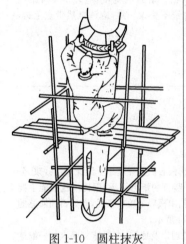

图 1-10　圆柱抹灰

（2）圆柱

1）找规矩。独立圆柱找规矩,通常应先找出纵横两个方向设计要求的中心线,并在柱上弹上纵横两个方向四根中心线,按照四面中心点,在地面分别弹四个点的切线,就形成了圆柱的外切四边形。这个四边形各边长就是圆柱的实际直径。然后用缺口木板的方法,由上四面中心线往下吊垂坠,检查柱子的垂直度,如不超差,先在地面上再弹上圆柱抹灰后外切四边形,就按照这个制作圆柱抹灰套板。通常直径较小的圆柱,可以做半圆套板。若圆柱直径大,应该做四分之一圆套板,套板里口可以包上铁皮,如图 1-9 所示。

圆柱做标志块,可以根据地面上放好的线,在柱四面中心线处,先在下面做四个标志块,然后用缺口板挂线锤做柱子上部四个标志块。在上下标志块挂线,中间每隔 1.2m 左右再做几个标志块,根据标志块抹标筋。

圆柱为两根以上或者成排时,找规矩应该与方柱一样。先找出柱纵、横中心线,并分别都弹到柱上。以各柱进出的误差大小以及垂直平整误差,决定抹灰厚度。而后,先按照独立圆柱做标志块的方法,做两端柱子的正侧面四面的标志块,并制作圆形抹灰套板。然后拉通线,做中间各柱正、背面标志块。再用圆柱抹灰套板卡在柱上,套板中心对准柱子中心线,分别做中间各柱侧面上下的标志块,然后都抹标志块。

2）抹灰。抹灰分层做法与方柱相同,抹灰的时候用长木杠随抹随找圆,随时用抹灰圆形套板核对,当抹面层灰时,应该用圆形套板沿柱上下滑动,将抹灰层抹成圆形,最后再由上至下滑磨抽平,如图 1-10 所示

1.2　装饰抹灰施工

图　示	做　法

图 1-11　水泥石灰砂浆拉粗毛

1. 水泥石灰砂浆拉毛装饰抹灰

水泥石灰砂浆拉毛主要有水泥石灰砂浆拉毛和水泥石灰加纸筋砂浆拉毛两种。水泥石灰砂浆拉毛多用于外墙装饰,水泥石灰加纸筋砂浆拉毛多用于内墙饰面。

水泥石灰砂浆罩面拉毛时,待中层砂浆五六成干,浇水湿润墙面,刮水泥浆,以保证拉毛面层与中层粘结牢固。

当罩面砂浆使用 1∶0.5∶1 水泥石灰砂浆拉毛时,一般一人在前刮素水泥浆,另外一人在后面进行抹面层拉毛。拉毛用白麻缠成的圆形麻刷子,把砂浆向墙面一点一带,带出毛疙瘩来,如图 1-11 所示。

当用水泥石灰另加纸筋拉毛操作时,罩面砂浆配合比是一分水泥按照拉毛粗细掺入适量的石灰膏的体积比为:拉粗毛时掺入石灰膏 5% 和石灰膏重量 3% 的纸筋;中等毛时掺 10%～20% 的石灰膏和石灰膏重量 3% 的纸筋;拉细毛掺 25%～30% 石灰膏和适量砂子。

拉粗毛时,在基层上抹 4～5mm 厚的砂浆,用铁抹子轻触表面用力拉回;拉中等毛时可以用铁抹子,也可以用硬毛鬃刷拉起;拉细毛时,用鬃刷蘸着砂浆拉成花纹。

拉毛时,在一个平面上,应该避免中断留槎,要做到色调一致不露底

图　示	做　法

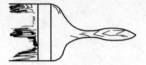

图 1-12　刷条筋专用刷子

小拉毛　条筋　预先弹线

图 1-13　条筋拉毛示意图

2. 条筋形拉毛装饰抹灰

条筋形拉毛做法，是在水泥石灰砂浆拉毛的墙面上，用专用刷子，如图 1-12 所示，蘸 1∶1 水泥石灰浆刷出条筋。条筋比拉毛面凸出 2～3mm，稍干以后用钢皮抹子压一下，最后按照设计要求刷色浆。

待中层砂浆六七成干时，刮水泥浆，然后抹水泥石灰砂浆面层，随即使用硬毛鬃刷拉细毛面，刷条筋。在刷条筋之前，先在墙上弹垂直线，线与线的距离以 40cm 左右为宜，作为刷筋的依据。条筋的宽度约 20mm，间距约 30mm。刷条筋，宽窄不要太一致，应该自然带点毛边，如图 1-13 所示

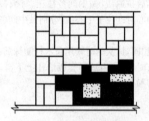

图 1-14　仿石抹灰示意

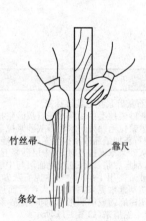

竹丝帚　　靠尺

条纹

图 1-15　扫毛示意

3. 仿石抹灰

仿石抹灰，也称仿假石。是在基层上涂抹面层砂浆，分出大小不等的横平竖直的矩形格块，用竹丝扎成能手握的竹丝帚，用人工扫出横竖毛纹或斑点，有如石面质感的装饰抹灰，如图 1-14 所示。

仿石抹灰基层处理以及底层、中层抹灰要求与一般抹灰相同。中层要刮平、搓平、划痕。

墙面分格尺寸可大可小，通常可以分为 25cm×30cm，25cm×50cm，50cm×50cm，50cm×80cm 等几种组合形式。内墙仿石抹灰，可离开顶棚 6cm 左右，下面与踢脚板相连。外墙上口用突出腰线与上面抹灰分开，下面可以直接到底。

采用隔夜浸水的 6mm×15mm 分格木条，根据墨线用纯水泥浆镶贴木条。

抹面层前先要检查墙面干湿程度，并浇水湿润。

面层抹后，用刮尺沿分格条刮平，用木抹子搓平。等稍收水以后，用竹丝帚扫出条纹，如图 1-15 所示。

扫好条纹以后，立即分出格条，随手将分格缝飞边砂粒清净，并用素灰勾好缝

4. 板条、苇箔吊顶抹灰

抹灰应该从墙角开始，沿垂直板条方向，用铁抹子来回压抹，将底灰挤入板条缝格中、金属网的缝中，与板条、金属网粘结牢固，再使用木抹子搓毛或者用扫帚扫成均匀麻面。

图　示	做　法

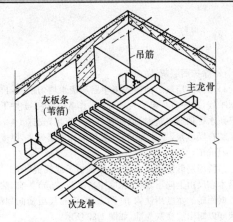

图 1-16　板条、苇箔吊顶抹灰

板条抹灰第一道底子灰要横着板条方向抹，并且挤入板条缝隙。苇箔抹灰，第一道底子灰顺着苇箔方向抹。第二道小砂灰要紧跟头道底子灰抹，并且压入头道底子灰中。找平层要在第二道底子灰干燥度达到70％～80％时开始抹，若底层灰过度干燥，应洒水湿润，抹灰用铁抹子按照鱼鳞式涂抹压实，用靠尺找平，留出罩面灰的厚度，并搓出毛面。罩面灰在找平层六七成干时，顺着板条或是苇箔方向抹，抹时要做到接槎平整，抹纹顺直。

大面积板顶棚抹灰，要加麻钉。在每根小龙骨上，每隔30cm错开钉上预先拴好麻丝的铁钉（钉长 25mm，麻丝长 30～40cm），在抹底灰的时候，将麻丝的一半顺板方向分两股压入灰中，另一半在抹中层时，按照其横板条方向左右分开抹入灰浆中（图1-16）

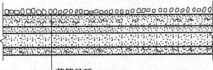

图 1-17　苇箔钢板网抹灰

苇箔吊顶
钢板网
1：3：6水泥砂子麻刀灰打底，2mm厚
1：1：5水泥石灰砂浆打二道底
1：2.5石灰砂浆找平，6mm厚
纸筋灰、麻刀灰罩面，2mm厚

5. 苇箔钢板网抹灰

第一道底子灰用 1：3：6 水泥砂子麻刀灰，抹灰厚度为 2mm。第二道用 1：1：5 水泥石灰砂浆（图1-17）。

找平层用 1：2.5 石灰砂浆，厚度为 6mm。罩面层用纸筋灰、麻刀灰罩面，厚度 2mm。

抹第一道底子灰时，要把灰浆挤入钢板网中，紧跟着抹第二道底子灰。要把第二道压入第一道灰中。当第二道灰六、七成干以后抹找平层，然后当找平层六、七成干以后抹罩面层

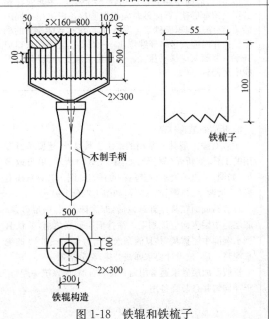

图 1-18　铁辊和铁梳子

6. 假面砖抹灰

（1）抹底层、中层灰：根据不同的基体，抹底层灰之前可以刷一道胶黏性水泥浆，然后抹 1：3 水泥砂浆，每层的厚度最好控制在5～7mm。分层抹灰与冲筋平时用木杠刮平找直，木抹搓毛，每层抹灰不宜跟得太紧，以防收缩影响质量。

图　　示	做　　法

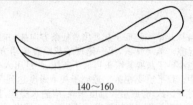

图 1-19　铁钩子

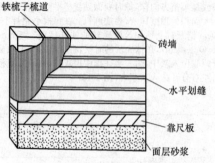

图 1-20　假面砖操作示意图

（2）涂抹面层灰、做面砖：

1）涂抹面层灰之前应先将中层灰浇水均匀湿润，再弹水平线，按照每步架子为一个水平作业段，然后上中下弹三条水平通线，以便控制面层划沟平直度，先抹 1：1 水泥结合层砂浆，厚度为 3mm，紧接着抹面层砂浆，厚度为 3～4mm。

2）待面层砂浆稍收水后，先用铁梳子或铁辊（图 1-18）沿木靠尺由上向下划纹，深度控制在 1～2mm 为宜，然后根据面砖的宽度用铁钩子（图 1-19）沿靠尺板横向划沟，深度以露出层底灰为准，如图 1-20 所示。

（3）清扫墙面：面砖面完成以后，及时将飞边砂粒清扫干净，不得留有飞棱卷边现象

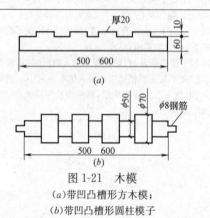

图 1-21　木模
（a）带凹凸槽形方木模；
（b）带凹凸槽形圆柱模子

注：用杉木、红松或椴木等木板制作，模具口处包上镀锌铁皮

7. 拉条灰

拉条灰是通过采用条形模具的上下拉动，使墙面抹灰呈规则的细条、粗条、半圆条、波形条、梯形条和长方形条等。

拉条抹灰的基体处理及底层、中层抹灰与一般抹灰相同。拉条抹灰前必须根据所弹墨线用纯水泥浆贴 10mm×20mm 木条子。层高 3.5m 以上，可从上到下加钉一条 18 号钢丝作滑道用，以免中途模子（图 1-21）遇砂粒波动影响质量。

拉条时，墙面中层砂浆应达到 70% 强度，才能涂抹粘结层及罩面砂浆，罩面砂浆须根据所拉条形采用不同的砂浆，粘结层与罩面砂浆干湿适宜，要求达到能拉动的稠度。操作时应按竖格连续作业，一次抹完，上下端灰口应齐平。罩面灰应揉平压光。一条拉条灰要一气呵成，不能中途停顿

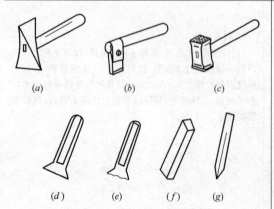

图 1-22　斩假石专用工具

8. 斩假石装饰抹灰

斩假石除一般抹灰常用的手工工具以外，还要备有专用的工具，如斩斧（剁斧），如图 1-22（a）所示；单刃或多刃，如图 1-22（b）所示；花锤（棱点锤），如图 1-22（c）所示；还有遍凿、尺凿、弧口凿和尖锥等，如图 1-22（d）～（g）所示。

斩假石墙面在基体处理以后，即涂抹底层、中层砂浆。底层与中层表面应该划毛。涂抹面层砂浆之前，要认真浇水湿润中层抹灰，并且满刮水灰比为 0.37～0.40 的纯水泥浆一道，按设计要求弹线分格，粘分格条。

斩假石面层砂浆通常用白石粒和石屑，应该统一配料，干拌均匀并且装袋备用。

图　示	做　法

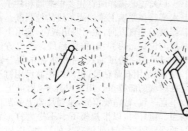

图 1-23　斩假石墙面花样

罩面时一般分两次进行。先薄薄地抹一层砂浆,稍收水以后再抹一遍砂浆与分格条平。用刮尺赶平,等收水后再用木抹子打磨压实。

面层抹灰完成以后,不能受烈日暴晒或是遭冰冻。养护时间常温下一般 2~3d,其强度应该控制在 5MPa。

面层斩剁时,应该先进行试斩,以石子不脱落为准。

斩剁之前,应该先弹顺线,间距约 10cm,按线操作,以免剁纹跑斜。斩剁时必须保持墙面湿润,若是墙面过于干燥,应予以蘸水,但是斩剁完部分面层,不得蘸水。

斩假石按其质感分立纹剁斧和花锤剁斧(图 1-23),可以根据设计选用。为了便于操作和提高装饰效果,棱角以及分格缝周边适合留 15~20mm 镜边。镜边也可与天然石材处理方式一样,改为横方向剁纹

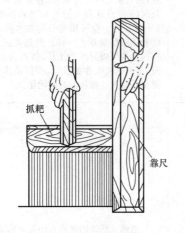

图 1-24　拉假石

9. 拉假石装饰抹灰

拉假石是斩假石的另外一种做法。用 1∶2.5 水泥砂浆打底,抹面层灰之前先刷水泥浆一道。

面层抹灰使用 1∶2.5 水泥白云石屑浆;抹灰厚度为8~10mm,面层收水以后用木抹子搓平,然后用压子压实、压光。水泥终凝后,用抓耙依着靠尺按照同一方向抓,如图 1-24 所示

10. 灰线抹灰

灰线抹灰,也称扯灰线、线脚、线条。是在一些标准较高的公共建筑和民用建筑的墙面、檐口、顶棚、梁底,方、圆柱上端、门窗口阴角、门头灯座、舞台口周围等部位,适当地设置一些装饰线,给人以舒适和美观的感觉。

(1)工具:抹灰线须根据灰线尺寸制成的木模施工,木模分死模、活模和圆形灰线活模三种。

图　示	做　法

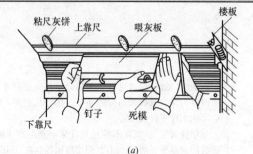

（a）

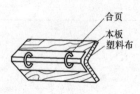

（b）

（c）

图 1-25　灰线死模

（a）死模操作示意；（b）死模；（c）合页式喂灰板

1）死模。操作时首先要根据墙和柱子上的水平线在立墙上弹四周灰线的控制线。再根据模子垂直方向，做出四角灰饼，定出上下稳尺的位置。再弹线，按线稳尺。稳尺方法是把靠尺用一份纸筋灰、一份水泥的混合灰粘贴，或是用石膏粘尺，也可以把靠尺用钉子钉在砖墙的墙缝里。用靠尺靠平，出进上下要平直一致，粘贴要牢固，坐模后要上下灰口适当。稳好尺，以推拉模不卡不松为宜。靠尺两端要留出大于死模宽度的尺寸，以便于安放和取出死模，要注意，稳压时要校正。

操作时先薄薄抹一层 1∶1∶1 水泥石灰混合砂浆与混凝土顶棚粘结牢固。随着用垫层灰一层一层抹，模子要随时推拉。即将成形时把模子倒拉一次，以便于抹第三道出线灰、第四道罩面灰的时候不卡模子。第二天先用出线灰抹一遍，再用普通纸筋灰，一个人在前用合页式的喂灰板按在模子口处喂灰，一个人在后推模，如图 1-25（a）所示。喂灰的和推模的两人步调要一致，步子要稳。灰线大时，要从边上往下喂灰。用粗纸筋灰基本推出棱角，待稍干后再用细纸筋灰推到棱角整齐光滑为止。在抹出线灰的时候模子只能往前推，不能向后拉。做完之后拆除靠尺。

若是抹灰膏灰线，在形成出线棱角时，用 1∶2 石灰砂浆推出棱角，在六七成干时稍洒水，用石灰浆掺石膏罩面，通常用 6∶4 石膏灰浆（6 份石膏和 4 份石灰膏），控制在 7～10min 用完。也可用纯石膏掺水胶，操作方法和用纸筋灰基本一样。但是要注意的是，在操作前须做好准备工作，拌石膏由专人负责，并与抹灰线连续进行，操作动作要快，以防止石膏灰在操作的时候硬化 |

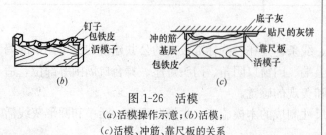

（a）

（b）

（c）

图 1-26　活模

（a）活模操作示意；（b）活模；
（c）活模、冲筋、靠尺板的关系

2）活模。活模的操作方法和只粘下靠尺的死模操作方法基本相同，一边粘尺一边冲筋，模子一边靠在靠尺板上，一边紧贴筋上，捋出线条（图 1-26）

图　示	做　法
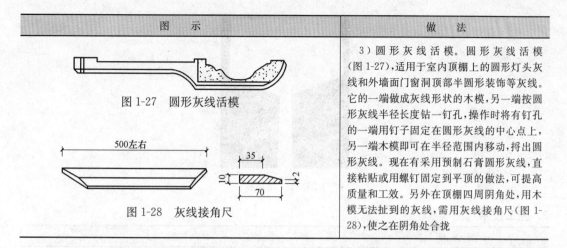 图 1-27　圆形灰线活模 500左右 图 1-28　灰线接角尺	3）圆形灰线活模。圆形灰线活模（图 1-27），适用于室内顶棚上的圆形灯头灰线和外墙面门窗洞顶部半圆形装饰等灰线。它的一端做成灰线形状的木模，另一端按圆形灰线半径长度钻一钉孔，操作时将有钉孔的一端用钉子固定在圆形灰线的中心点上，另一端木模即可在半径范围内移动，捋出圆形灰线。现在有采用预制石膏圆形灰线，直接粘贴或用螺钉固定到平顶的做法，可提高质量和工效。另外在顶棚四周阴角处，用木模无法扯到的灰线，需用灰线接角尺（图 1-28），使之在阴角处合拢

（2）灰线抹灰施工：灰线抹灰的式样很多，线条有繁有简，形状有大有小。各种灰线使用的材料也根据灰线所在部位的不同而有所区别。如室内常用石灰、石膏抹灰线；室外则常用水刷石或斩假石抹灰线。灰线抹灰一般分为简单灰线抹灰和多线条灰线抹灰。

简单灰线抹灰和多线条灰线抹灰的做法见下表。

图　示	做　法
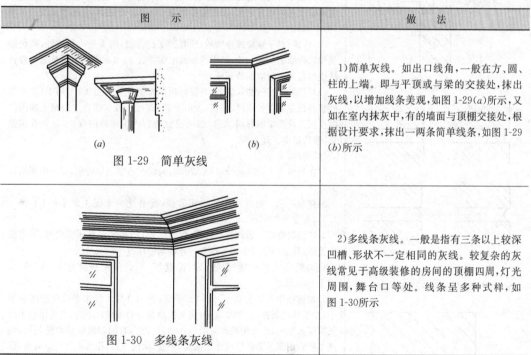 （a）　　　　　　　（b） 图 1-29　简单灰线	1）简单灰线。如出口线角，一般在方、圆、柱的上端。即与平顶或与梁的交接处，抹出灰线，以增加线条美观，如图 1-29（a）所示，又如在室内抹灰中，有的墙面与顶棚交接处，根据设计要求，抹出一两条简单线条，如图 1-29（b）所示
图 1-30　多线条灰线	2）多线条灰线。一般是指有三条以上较深凹槽，形状不一定相同的灰线。较复杂的灰线常见于高级装修的房间的顶棚四周，灯光周围，舞台口等处。线条呈多种式样，如图 1-30所示

1.3　清水砌体勾缝施工

1. 施工机具

主要机具包括：扁凿子、锤子、粉线袋、托灰板（图 1-31）、长溜子、短溜子、喷壶、小铁桶、筛子、铁板、笤帚等。

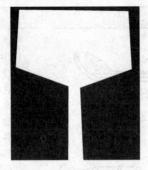

图 1-31 托灰板

2. 施工技术

图　　示	做　　法
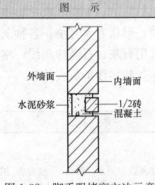 图 1-32　脚手眼堵塞方法示意 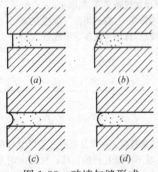 图 1-33　砖墙勾缝形式 (a)平缝;(b)斜缝;(c)凹缝;(d)凸缝 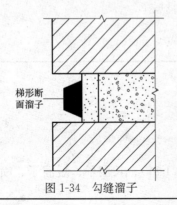 图 1-34　勾缝溜子	(1)堵脚手眼:如采用外脚手架时,勾缝前先将脚手眼内砂浆清理干净,并洒水湿润,再用原砖墙相同的砖块补砌严实,砂浆饱满度不低于80%。 1)先用粉线弹出立缝垂直线,用扁钻按线把立缝偏差较大的部分找齐,开出的立缝上下要顺直,开缝深度约10mm,灰缝深度、宽度要一致。 2)砖墙水平缝和瞎缝也应弹线开直,如果砌砖时划缝太浅或漏划,灰缝应用扁钻或瓦刀剔凿出来,深度应控制在10~12mm之间,并将墙面清扫干净(图1-32)。 (2)补缝:对于缺棱掉角的砖,还有游丁的立缝,应事先进行修补,颜色必须和原砖墙的颜色一致,可用砖面加水泥拌成1:2水泥浆进行补缝。修补缺棱掉角处表面应加砖面压光。 (3)门窗框塞缝:在勾缝前,将窗框周围塞缝作为一道工序,用1:3水泥砂浆并设专人进行堵严、堵实,表面平整、深浅一致。铝合金门窗框周围缝隙应用设计要求的材料填塞,如果窗台砖有破损碰掉的现象,应先补砌完整,再将墙面清理干净。 (4)勾缝: 1)在勾缝前1天应将砖墙浇水湿润,勾缝时再浇适量的水,以不出现明水为宜。 2)拌和砂浆。勾缝所用的水泥砂浆,配合比为水泥:砂子=1:(1~1.5),稠度为3~5cm,应随拌随用,不能有隔夜砂浆。 3)墙面勾缝必须做到横平竖直、深浅一致,搭接平整并压实溜光,不得出现丢缝、开裂和粘结不牢等现象。外墙勾缝深度4~5mm。 4)勾缝形式有平缝、斜缝、凹、凸缝等,凹缝深度一般为4~5mm,如图1-33所示。 5)勾缝顺序是从上到下,先勾水平缝,再勾立缝。勾水平缝时应用长溜子,左手拿托灰板,右手拿溜子,将灰板顶在要勾的缝口上边,右手用溜子将灰浆压入缝内,不准用稀砂浆喂缝,同时自左向右随勾缝随移动托灰板,勾完1段后用溜子沿砖缝内溜压密实、平整、深浅一致,托灰板勿污染墙面,保持墙面洁净美观。勾缝时用2cm厚木板在架子上接灰,板子紧贴墙面,及时清理落地灰。勾立缝用短溜子在灰板上刮起,勾入立缝中,压塞密实、平整,立缝要与水平缝交圈且深浅一致。 6)每步架勾缝完成后,应把墙面清扫干净,应顺着缝先扫水平缝后扫立缝,勾缝不应有接槎不平、毛刺、漏勾等缺陷。 外清水墙勾凹缝,深度为4~5mm,为使凹缝切口整齐,宜将勾缝溜子做成倒梯形断面,如图1-34所示。操作时用溜子将勾缝砂浆压入缝内,并来回压实、上下口切齐

第 2 章　门窗工程

2.1　木门窗制作

图　示	做　法
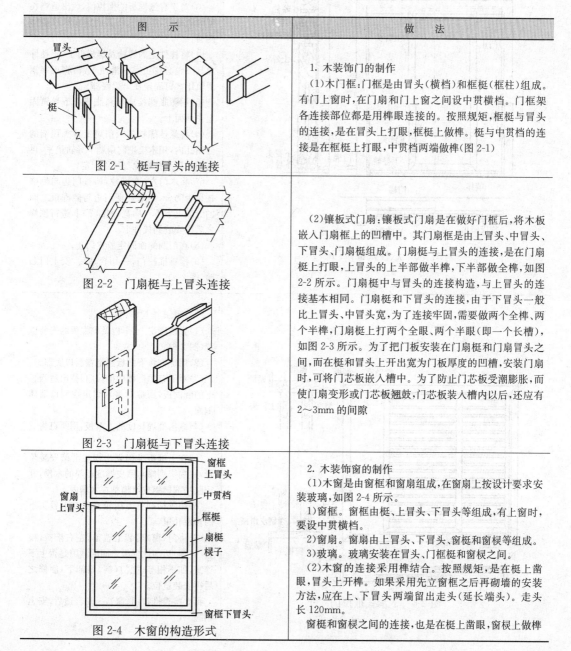 图 2-1　梃与冒头的连接	**1. 木装饰门的制作** (1)木门框：门框是由冒头(横档)和框梃(框柱)组成。有门上窗时，在门扇和门上窗之间设中贯横档。门框架各连接部位都是用榫眼连接的。按照规矩，框梃与冒头的连接，是在冒头上打眼，框梃上做榫。梃与中贯档的连接是在框梃上打眼，中贯档两端做榫(图 2-1)
图 2-2　门扇梃与上冒头连接 图 2-3　门扇梃与下冒头连接	(2)镶板式门扇：镶板式门扇是在做好门框后，将木板嵌入门扇框上的凹槽中。其门扇框是由上冒头、中冒头、下冒头、门扇梃组成。门扇梃与上冒头的连接，是在门扇梃上打眼，上冒头的上半部做半榫，下半部做全榫，如图 2-2 所示。门扇梃中与冒头的连接构造，与上冒头的连接基本相同。门扇梃和下冒头的连接，由于下冒头一般比上冒头、中冒头宽，为了连接牢固，需要做两个全榫、两个半榫，门扇梃上打两个全眼、两个半眼(即一个长槽)，如图 2-3 所示。为了把门板安装在门扇梃和门扇冒头之间，而在梃和冒头上开出宽为门板厚度的凹槽，安装门扇时，可将门芯板嵌入槽中。为了防止门芯板受潮膨胀，而使门扇变形或门芯板翘鼓，门芯板装入槽内以后，还应有 2～3mm 的间隙
图 2-4　木窗的构造形式	**2. 木装饰窗的制作** (1)木窗是由窗框和窗扇组成，在窗扇上按设计要求安装玻璃，如图 2-4 所示。 1)窗框。窗框由梃、上冒头、下冒头等组成，有上窗时，要设中贯横档。 2)窗扇。窗扇由上冒头、下冒头、窗梃和窗棂等组成。 3)玻璃。玻璃安装在冒头、门框梃和窗棂之间。 (2)木窗的连接采用榫结合。按照规矩，是在梃上凿眼，冒头上开榫。如果采用先立窗框之后再砌墙的安装方法，应在上、下冒头两端留出走头(延长端头)。走头长 120mm。 窗梃和窗棂之间的连接，也是在梃上凿眼，窗棂上做榫

13

2.2 木门窗安装

图　示	做　法
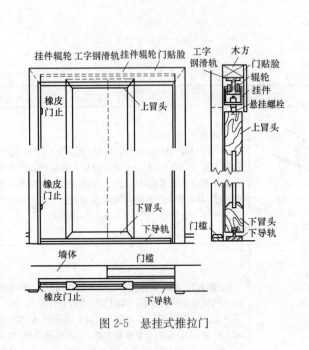 图 2-5　悬挂式推拉门	1. 悬挂式推拉门(窗)安装 (1)根据＋50cm水平线和坐标基准线,弹线确定上梁、侧框板以及下导轨的安装位置。 (2)用螺钉把上梁固定在门洞口的顶部。 (3)对于有侧框板的推拉门,截出适当长度的侧框板,用螺钉将其固定在洞口墙体侧面。 (4)将挂件上的螺栓及螺母拆下,把挂件及其滚轮套在工字钢滑轨上,再将工字钢滑轨用螺钉固定在上梁底部。 (5)用膨胀螺栓或塑料胀管把下导轨固定在地面上。 (6)将悬挂螺栓装入门扇上冒头顶端的专用孔内,用木楔把门扇顺下导轨垫平,再用螺母把悬挂螺栓与挂件固定。 (7)将木门左、右推拉,检查门边与侧框板是否吻合,如果发现门边与侧框板之间的缝隙上下不一样宽,则卸下门,进行刨修之后再安装到挂件上。 (8)在门洞侧面固定胶皮门止。 (9)检查推拉门,一切合适后,安上门贴脸(图 2-5)
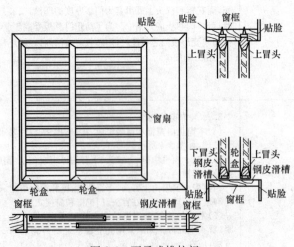 图 2-6　下承式推拉门	2. 下承式推拉门(窗)安装 (1)弹线确定上、下以及侧框板的安装位置(图 2-6)。 (2)用螺钉将下框板固定在洞口底部。 (3)对于有侧框板的推拉门,截出适当长度的侧框板,用螺钉将其固定在洞口墙体侧面。 (4)截出准确长度的上框板,用螺钉将其固定在洞口顶部。 (5)在下框板准确划出钢皮滑槽安装位置,用扁铲剔修与钢皮厚度相等的木槽,并用胶粘剂把钢皮滑槽粘在木槽内。 (6)用胶粘剂将专用轮盒粘在下冒头下的预留孔里。 (7)将门(窗)扇装上轨道,左右推拉,检查门(窗)边与侧框板之间的缝隙是否上下等宽,如不相等,把门(窗)扇卸下,刨修之后再安装就位。 再次检查推拉门(窗),一切合适后,安上贴脸

2.3 钢门窗安装

1. 钢门窗安装工艺

图　　示	做　　法
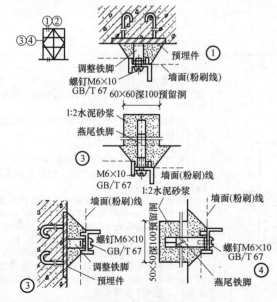 图 2-7　钢门窗安装示意图 (a)钢门；(b)钢窗 1—门窗洞口；2—临时木撑； 3—铁脚；4—木楔	(1)弹控制线：根据 500mm 高的墙面水平控制线，按门窗安装标高、尺寸和开启方向，在墙体预留洞孔四周弹出门窗落位线。 (2)立钢门窗、校正：将门樘对号入座放入预留门窗洞口中，并按照墙厚居中位置或者图纸标注距外墙皮的尺寸进行立樘。当钢门窗框按规定位置大体放正之后，在门窗框四角或者能受力的部位用木楔进行临时固定。钢门窗框木楔固定部位如图 2-7 所示。打开门扇，锯一根和门框内净间距相同长度的木板条，在门框中部支撑紧，如图 2-7(a)所示。待嵌填入铁脚孔内的水泥砂浆达到 70% 的强度后，才可以拆除木撑。 (3)定位固定：按门窗安装的水平控制线、垂直控制线和进深线，对已经就位于立樘的门窗进行边调整、边支垫，随时用托线板和水平尺校正钢门窗的垂直度和水平度，直到上、下、左、右、前、后六个方向的位置准确，达到安装横平竖直、高低一致、进出统一、符合要求为止。定位后用木楔塞紧固定

图 2-8　实腹钢门窗安装固定节点

(4)填缝：钢门窗定位固定之后，按孔洞的位置装好铁脚。先将上框的焊接铁脚跟过梁中的预埋铁件焊牢，再把两侧的铁脚插入墙体结构的预留孔洞中，以堵孔固定。

把预留孔洞清扫干净，浇水润湿，然后用 1：2.5 半干硬水泥砂浆或者 C20 细石混凝土塞入孔洞内，捣实、抹平，并及时洒水养护 3d，在养护期内不得碰撞、振动钢门窗。当孔洞内的水泥砂浆或混凝土达到规定的强度之后，才可以将四周安设的木楔取出，并用 1：2.5 的水泥砂浆把四周缝隙嵌填严实。实腹钢门窗和空腹钢门窗的安装固定节点如图 2-8 和图 2-9 所示

图　　示	做　　法

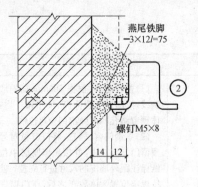

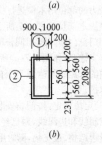

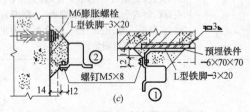

图 2-9　空腹钢门窗安装固定节点

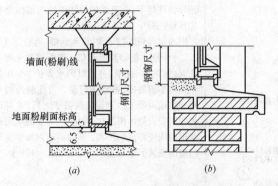

图 2-10　钢门窗下框抹灰做法

(a)钢门框下框；(b)钢窗下框

（5）纱门窗扇安装：

1）高、宽大于 1400mm 的纱扇，应该在装纱之前的纱扇中用木条临时支撑，以防窗纱凹陷影响使用。

2）金属纱安装完之后，集中刷油漆。交工之前再把纱门窗扇安在钢门窗框上。

（6）五金件的安装：

1）安装零件前，应该检查门窗在洞口内是否牢固，开启要灵活，关闭要严密。如果有缺陷，需要调整后方可安装零件。

2）严密封条应该在钢门窗最后一遍涂料干燥之后按照型号安装压实。如果用直条密封条时，拐角处必须裁成 45°角，再粘成直角安装。密封条应该比门窗扇的密封槽尺寸长 10～20mm，以防收缩引起局部不密封。

3）各类五金零件的转动和滑动配合处应灵活无卡阻现象。装配螺钉拧紧以后不得松动，埋头螺钉不能高于零件表面。

钢门窗安装完毕后，楼地面施工或窗台抹灰时，应注意砂浆不可掩埋门窗下框，施工做法如图 2-10 所示

2. 彩板组角钢门窗安装施工

图　示	做　法
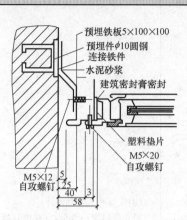 预埋铁板5×100×100 预埋件φ10圆钢 连接铁件 水泥砂浆 建筑密封膏密封 塑料垫片 M5×20自攻螺钉 M5×12自攻螺钉 5 25 40 3 58 图 2-11　带副框的彩色板组角钢门窗安装节点图 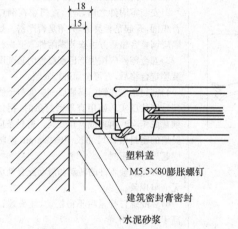 18 15 塑料盖 M5.5×80膨胀螺钉 建筑密封膏密封 水泥砂浆 图 2-12　不带副框的彩色板组角钢门窗安装节点图	(1)安装程序: 1)带副框的彩色板组角钢门窗安装: ① 铁脚固定在副框上:用自攻螺钉把连接铁脚固定在副框上。 ② 副框就位:按照安装位置线,把副框放进洞口,用木楔临时固定。 ③ 铁脚与预埋件固定:把副框上的铁脚与洞口墙体上的预埋件用电焊焊牢,如图 2-11 所示。 ④ 粉刷、塞缝:粉刷洞口以及内、外墙面,副框两侧预留槽口待粉刷干燥以后,清除浮灰注入密封膏防水。 ⑤ 门窗框与副框连接:副框的三面(侧面与顶面)贴上密封胶条,把门框放在副框上,校正吻合以后用自攻螺钉把门窗框固定在副框上,两框之间缝隙使用密封膏封严,盖好螺钉盖,如图 2-11 所示。 ⑥ 清理:撕掉门窗上的保护胶条,把门窗框扇以及玻璃擦干净。 ⑦ 安装五金。 2)不带副框的彩色板组角钢门窗安装: ① 在洞门内弹好门窗安装位置线。 ② 按外框螺栓位置,在洞口内相应部位钻孔。 ③ 门窗就位、调整,用木楔固定。 ④ 门窗与窗体用膨胀螺栓连接固定,盖上螺钉盖。 ⑤ 用密封胶把门窗与洞口四周的缝隙封严,如图 2-12 所示。 ⑥ 安装五金配件。 ⑦ 撕掉门窗上保护胶条,清理门窗
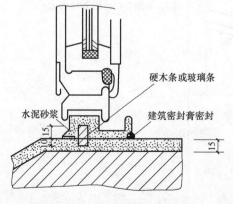 硬木条或玻璃条 水泥砂浆 建筑密封膏密封 10 15 15 图 2-13　窗副框下框底安装节点图	(2)施工要点: 1)不带副框彩色板组角钢门窗如果在墙面粉刷之后安装,应该注意洞口粉刷成型尺寸必须准确。门窗框外皮与洞口之间的缝隙宽度方向可以为 3～5mm,高度方向可为 5～8mm。 2)粉刷时,窗副框底部要嵌入硬木条或玻璃条,如图 2-13 所示。 3)粉刷时框料及玻璃必须覆盖塑料薄膜。 4)清理门窗框料时切忌划伤涂层

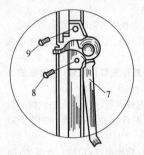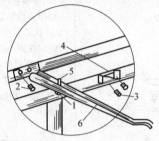

图 2-14　玻璃窗五金（一）

1—铁脚；2—M×12 铁圆螺钉；3、8—M5×8 铁圆螺钉；

4—搁脚；5—直桩；6—撑挡；7—执手；9—玻璃销子

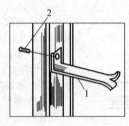

图 2-15　玻璃窗五金（二）

1—铁脚；2—M×12 铁圆螺钉

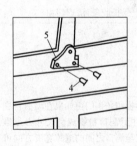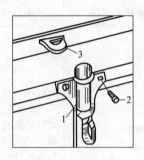

图 2-16　翻窗五金

1—弹簧销；2、4—M8 圆头螺钉；

3—弹簧销舌头，5—绳攀

（3）安装小五金和附件：

1）安装门窗小五金，宜在内外墙面装饰完工后进行。高级建筑应在安装玻璃前将机螺钉拧在框上，待油漆做完再安装小五金。

2）安装零附件之前，应检查门窗在洞口内是否牢固，开起是否灵活，关闭是否严密。如有缺陷应调整合格后方可安装零附件。

3）五金零件应按生产厂家提供的装配图经试装鉴定合格后，方可全面进行安装。

4）密封条应在钢门窗最后一遍涂料干燥后按型号安装压实。如用直条密封条时，拐角处必须裁成 45°角，再粘成直角安装。密封条应比门窗扇的密封槽口尺寸长 10～20mm，以防收缩引起局部不密封。

5）各类五金零件的转动和滑动配合处应灵活无卡阻现象。

6）装配螺钉拧紧后不得松动，埋头螺钉不得高于零件表面。

7）钢门上的灰尘应及时擦除干净。钢窗的零件必须在里外粉刷完毕，钢窗经第一度油漆并校正后才可进行安装。零件的安装位置和配备情况，如图 2-14～图 2-18 所示

18

图 示	做 法

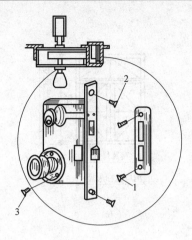

图 2-17　弹子门锁

1—M5×12 平头螺钉；2—M5×10 平头螺钉；3—M5×8 平头螺钉

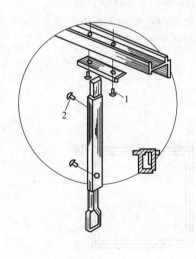

图 2-18　钢门插销

1、2—M5×8 圆头螺钉

3. 施工注意事项

（1）钢门窗洞口安装缝隙尺寸，应根据建筑物墙面粉刷材料确定。一般应符合以下规定：

1）清水墙灰缝大于 15mm。

2）水泥砂浆粉刷墙面灰缝大于 20mm。

3）水刷石墙面灰缝大于 25mm。

4）贴面砖墙面灰缝大于 30mm。

5）主体工程施工时必须据实调整门窗洞口尺寸。

（2）实腹基本钢门窗和空腹基本钢门窗缝隙尺寸，如图 2-19、图 2-20 所示。

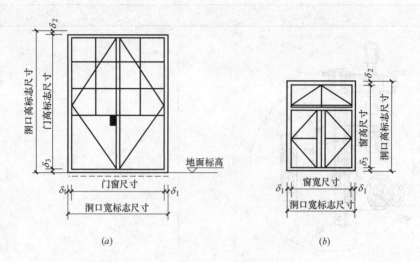

(a)   (b)

图 2-19　实腹基本钢门窗缝隙尺寸

(a) 基本门；(b) 基本窗

注：门，δ_1 为 13～24mm，δ_2 为 16.5mm，δ_3 为 6.5mm，32mm 料窗；

　　δ_1 为 13～29mm，δ_2 为 14～20mm，δ_3 为 13～37mm，25mm 料窗；

　　δ_1 为 13～26mm，δ_2 为 13～24mm，δ_3 为 14～25mm

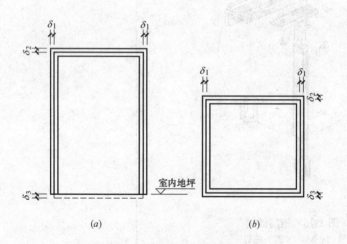

(a)   (b)

图 2-20　空腹基本钢门窗缝隙尺寸

(a) 基本门；(b) 基本窗

注：钢窗，δ_1 为 13.5～29mm，δ_2 为 13.5～15mm，δ_3 为 55～35mm；

　　钢门，δ_1 为 14mm，δ_2 为 14mm，δ_3 为 25mm

（3）运到现场的钢门窗框，应测对角线的长度，其允许偏差不应超过规范规定。

（4）固定门窗框的铁脚埋设后，水泥砂浆或混凝土没有达到设计规定的强度，不得在门窗上进行任何作业。

（5）装在门窗框扇上的密封条，下料要比公称尺寸长 10～20mm，安装时压实，避免因密封条收缩引起缺口或局部不密封；拐角处应裁成 45°，再粘成直角安装。

（6）门窗框、扇在安装中应注意防止变形，已变形的门窗框、扇，必须剔除，经修理矫正合格后再用。

2.4 铝合金门窗安装

1. 铝合金门、窗框安装

图　示	做　法
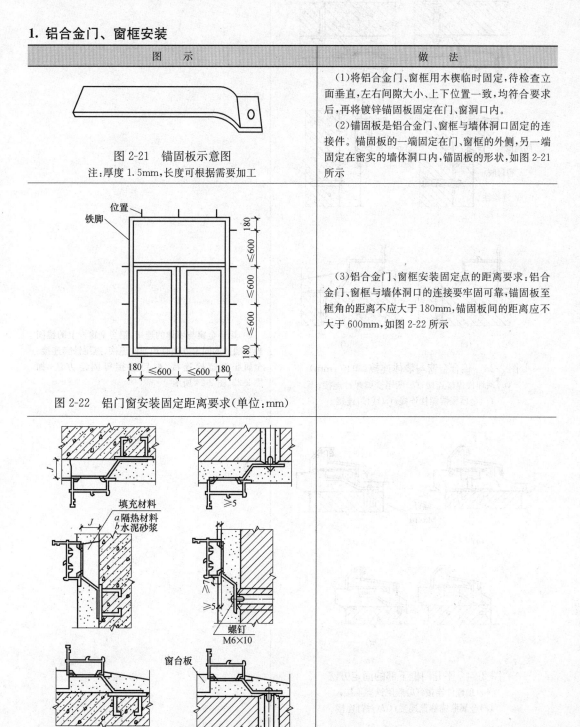 图 2-21　锚固板示意图 注:厚度 1.5mm,长度可根据需要加工	（1）将铝合金门、窗框用木楔临时固定,待检查立面垂直、左右间隙大小、上下位置一致,均符合要求后,再将镀锌锚固板固定在门、窗洞口内。 （2）锚固板是铝合金门、窗框与墙体洞口固定的连接件。锚固板的一端固定在门、窗框的外侧,另一端固定在密实的墙体洞口内,锚固板的形状,如图 2-21 所示
图 2-22　铝门窗安装固定距离要求(单位:mm)	（3）铝合金门、窗框安装固定点的距离要求:铝合金门、窗框与墙体洞口的连接要牢固可靠,锚固板至框角的距离不应大于 180mm,锚固板间的距离应不大于 600mm,如图 2-22 所示

21

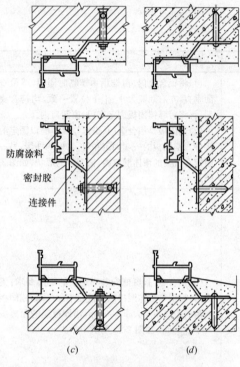

图 2-23　铝合金窗与墙体连接(单位:mm)

(*a*)预埋件焊接连接;(*b*)燕尾铁脚螺钉连接;

(*c*)金属胀锚螺栓连接;(*d*)射钉连接

（4）铝合金窗与墙体的连接:铝合金窗框上的锚固板与墙体的固定方法有预埋件连接、燕尾铁脚连接、金属胀锚螺栓连接、射钉连接等固定方法,如图 2-23、图 2-24 所示

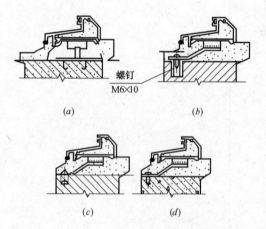

图 2-24　平开门框下部的固定方法

(*a*)预埋件连接;(*b*)燕尾铁脚连接;

(*c*)金属胀锚螺栓连接;(*d*)射钉连接

图　示	做　法

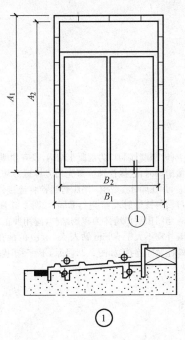

图 2-25　推拉门框下部的固定方法

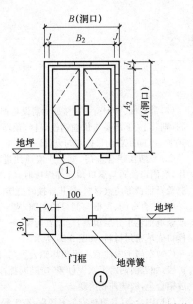

图 2-26　地弹簧门框下部的固定方法（单位：mm）

（5）铝合金门与墙体的连接：铝合金门框上的锚固板与墙体的固定方法，上面和侧面的固定方法与铝合金窗的固定方法相同，下面固定方法根据铝合金门的形式、种类而有所不同。

1）平开门框下部的固定方法如图 2-24 所示。

2）推拉门框下部的固定方法如图 2-25 所示。

3）地弹簧门框下部的固定方法。因地弹簧门无下框，边框直接固定在地面中，地弹簧也埋入地面混凝土中，如图 2-26 所示

图　　示	做　　法

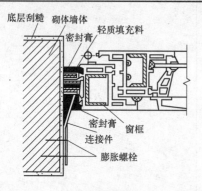

图 2-27　铝框连接件射钉锚固示意图

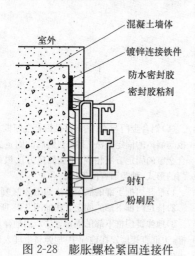

图 2-28　膨胀螺栓紧固连接件

（6）当墙体洞口为混凝土结构，没有预埋铁件或预留槽口时，连接铁件应事先用镀锌螺钉铆固在铝框上，并在墙体上钻孔，用胀管螺栓将连接件锚固，亦可用射钉枪射入 $\phi 5$ 射钉紧固，如图 2-27 所示。

当门窗洞口墙体为砖砌结构，应用冲击电钻距砖墙外皮不大于 50mm 钻入 $\phi 8\sim\phi 10$ 的深孔，用膨胀螺栓紧固连接，如图 2-28 所示，不宜采用射钉连接。

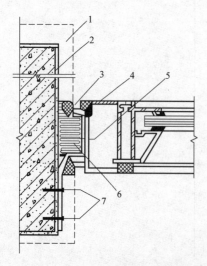

图 2-29　铝合金门、窗框堵塞周边缝隙示意图
1—最后一遍装饰面层；2—第一遍粉刷；3—密封膏；4—铝框；
5—自攻螺钉；6—软质填充料；7—膨胀螺栓

（7）带型窗、大型窗的拼接处如需设角钢或槽钢加固，则其上、下部要与预埋钢板焊接，预埋件可按每1000mm 间距在洞口内均匀设置。

（8）严禁在铝合金门、窗上连接地线进行焊接工作，当固定铁码与洞口预埋件焊接时，门、窗框上要遮盖石棉毯等防火材料，防止焊接时烧伤门窗。

（9）铝合金门、窗框与洞口的间隙，应采用矿棉条或玻璃棉毡条分层填塞，缝隙表面留 5～8mm 深的槽口嵌填密封材料，如图 2-29 所示。

（10）在施工中注意不得损坏铝合金门、窗上的保护膜，如表面沾污了水泥砂浆，应随时擦净，以免腐蚀铝合金，影响外表美观。

（11）铝合金门、窗框安装完毕后，在工程竣工前不能剥去门、窗框上的保护膜，并且要防止撞击，避免铝合金型材受撞变形

2. 铝合金门安装

图　　　示	做　　　法

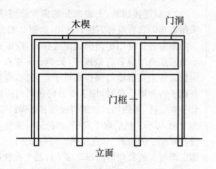

图 2-30　铝合金门框安装

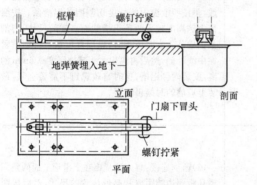

图 2-31　铝合金门地弹簧设置

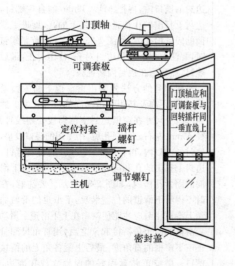

图 2-32　地弹簧门扇安装

（1）安框：将刨好的门框在抹灰之前立在门口处，用吊线坠吊直，然后卡方，以两条对角线相交为佳。安放在门口内适当位置（也就是与外墙边线水平，与墙内预埋件对正，通常在墙中），用木楔将三边固定。在认定门框水平、垂直、无扭曲之后，用射钉枪将射钉打入柱、墙、梁上，将连接件和框固定在墙、柱、梁上。框的下部要埋入地下，埋入深度为 30～150mm，如图 2-30 所示。

（2）塞缝：门框固定好后，复查平整度和垂直度，在清扫边框处浮土，洒水湿润基层，用 1：2 水泥砂浆把门口和门框之间的缝隙分层填实。待塞灰达到一定强度后，再拔掉木楔，抹平表面。

（3）装扇：内外平开门在门上框钻孔深入门轴，门下地里埋设地脚，装置门轴。弹簧门上部做法同平开门，门框中安上门轴，下部埋设地弹簧（图 2-31），地面需要预先留洞或后开洞，地弹簧埋设后要和地面平齐，然后灌细石混凝土，再抹平地面层。地弹簧的摇臂与门扇下冒头两侧拧紧。推拉门要在上框内做导轨和滑轮，也有在地面上做导轨，在门扇下冒头做滑轮的（图 2-32）。自动门的控制装置有脚踏式，装置在地面上。光电感应控制开关的设备装在上框上。

（4）装玻璃：首先，按照门扇的内口实际尺寸合理计划用料，尽量减少产生边角废料，裁割前可以比实际尺寸少 3mm，以便于安装。安装时先撕去门框的保护胶纸，在型材安装玻璃部位支塞橡胶带，用玻璃吸手安入平板玻璃，前后垫实，使缝隙一致，然后再塞入橡胶条密封，或者使用铝压条拧十字圆头螺钉固定。

（5）打胶、清理：大片玻璃和框扇接缝处，要用玻璃胶筒打入玻璃胶，整个门安装好后，以干净抹布擦洗表面，清理干净后交付使用

3. 铝合金推拉窗的连接组装

图　示	做　法
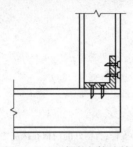 图 2-33　上窗扁方管连接 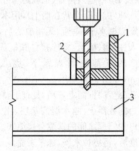 图 2-34　安装前的钻孔方法 1—角码；2—模子；3—横向扁方管	（1）上窗连接组装：上窗部分的扁方管型材，通常采用铝角码和自攻螺钉进行连接，如图 2-33 所示。 　　两条扁方管在用铝角码固定连接时，应该先用一小节同规格的扁方管做模子，长 20mm 左右。在横向扁方管上要衔接的部位用模子定好位，将角码放在模子内并用手捏紧，用手电钻将角码与横向扁方管一并钻孔，再使用自攻螺钉或抽芯铝铆钉固定，如图 2-34 所示。然后取下模子，再把另一条竖向扁方管放到模子的位置上，在角码的另一个方向上打孔，固定即可。通常角码的每个面上打两个孔就够了。 　　上窗的铝型材在四个角位处衔接固定后，再用截面尺寸为 12mm×12mm 的铝槽作为固定玻璃的压条。安装压条之前，先在扁方管的宽度上画出中心线，再按照上窗内侧长度切割四条铝槽条。按照上窗内侧高度减去两条铝槽截面高度的尺寸，切割四条铝槽条。安装压条时，先用自攻螺钉将铝槽紧固在中线外侧，然后再离出大于玻璃厚度 0.5mm 的距离，安装内侧铝槽，这时自攻螺钉不需要上紧，最后装上玻璃的时候再固紧
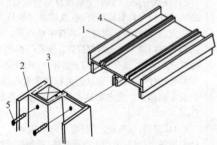 图 2-35　窗框上滑部分的连接组装 1—上滑道；2—边封；3—碰口胶垫； 4—上滑道上的固紧槽；5—自攻螺钉 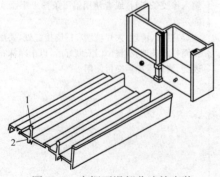 图 2-36　窗框下滑部分连接安装 1—下滑道的滑轨；2—下滑道下的固紧槽孔	（2）窗框连接：首先测量出在上滑道上面两条固紧槽孔距侧边的距离和高低位置的尺寸，然后按照这两个尺寸在窗框边封上部衔接处划线打孔，孔径 ϕ5mm 左右。钻好孔之后，用专用的碰口胶垫，放在边封的槽口内，再把 M4×35mm 的自攻螺钉，穿过边封上打出的孔和碰孔胶垫上的孔，旋进上滑道上面的固紧槽孔内，如图 2-35 所示。在旋紧螺钉的同时，要注意上滑道和边封对齐，各槽对正，最后上紧螺钉，然后再在边封内装毛条。 　　按照相同的方法先测出下滑道下面的固紧槽孔距、侧边距离及其距上边的高低位置尺寸。然后按照这三个尺寸在窗框边封下部衔接处划线打孔，孔径 ϕ5mm 左右。钻好孔后，用专用的碰口胶垫，放在边封的槽口内，再把 M4×35mm 的自攻螺钉，穿过边封上打出的孔和碰口胶垫上的孔，旋进下滑道下面的固紧孔槽内，如图 2-36 所示。要注意，在固定时不得将下滑道的位置装反，下滑道的滑轨面定要和上滑道相对应才能使窗扇在上下滑道上滑动。 　　窗框的四个角衔接起来之后，用直角尺测量并校正一下窗框的直角度，最后上紧各角上的衔接自攻螺钉。把校正并紧固好的窗框立放在墙边，防止碰撞

图　示	做　法

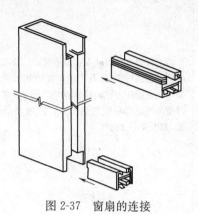

图 2-37　窗扇的连接

（3）窗扇的连接：

1）切口处理。在连接装拼窗扇之前，要先在窗扇的边框和带钩边框上、下两端处进行切口处理，以便于将上、下横档插入其切口内进行固定。上端开切长 51mm，下端开切长 76.5mm，如图 2-37 所示

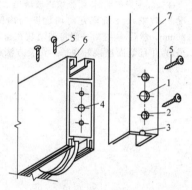

图 2-38　窗扇下横档安装

1—调节滑轮；2—固定孔；3—半圆槽；4—调节螺钉；
5—滑轮固定螺钉；6—下横档；7—边框

2）划线打孔。在窗扇边框和带钩边框与下横档衔接端划线打孔。这三个孔的位置，要根据固定在下横档内的滑轮框上孔的位置来划线，然后打孔，并且要求固定后边框下端要与下横档底边平齐。边框下端固定孔为 $\phi4.5$mm，并且要用 $\phi6\sim7$mm 的钻头划窝。工艺孔为 $\phi8$mm 左右。钻好孔之后，再用圆锉在边框和带钩边框固定孔位置下边的中线处，锉出一个 $\phi8$mm 的半圆凹槽。窗扇下横档和窗扇边框的连接组装，如图 2-38 所示

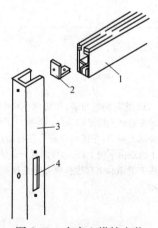

图 2-39　窗扇上横档安装

1—上横档；2—角码；3—窗扇边框；4—窗锁洞

3）安装上横档角码和窗扇钩锁。截取两个铝角码，把角码放在上横档的两头，使其一个面与上横档端头面平齐，并钻两个孔（角码和上横档一并钻通），用 M4 自攻螺钉把角码固定在上横档内。再在角码的另一个面（即与上横档端头平齐的面）的中间打一个孔，根据此孔的上下左右尺寸位置，在扇的边框和带钩边框上打孔并划窝，以便于用螺钉将边框和上横档固定，如图 2-39 所示。

安装窗钩锁锁前，要先在窗扇边框上开锁口，开口一面必须是在窗扇安装之后，面向室内的面。窗钩锁一般装在窗扇边框中间高度，如果窗扇高大于1.5m，窗钩锁位置也可适当降低

图　示	做　法

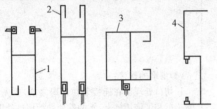

图 2-40　密封条的安装位置

1—上横档;2—下横档;3—带钩边框;4—窗框边封

4)上密封毛条以及安装窗扇玻璃。长毛条装在上横档顶边的槽内,以及下横档底边的槽内。而短毛条是装在带钩边框的钩部槽内。另外,窗框边封的凹槽两侧也需要安装短毛条。两种毛条的安装位置,如图 2-40 所示。

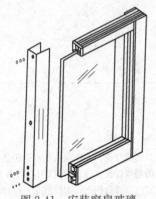

图 2-41　安装窗扇玻璃

在安装窗扇玻璃时,要先检查玻璃尺寸。一般情况下,玻璃尺寸长宽方向均比窗扇内侧尺寸大25mm。然后,从窗扇一侧将玻璃装在窗扇内侧的槽内,并且紧固连接好边框。安装方法如图 2-41 所示。

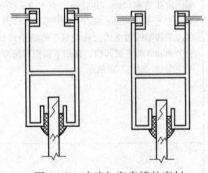

图 2-42　玻璃与窗扇槽的密封

最后,在玻璃和窗扇槽之间用塔形橡胶条或玻璃胶密封,如图 2-42 所示

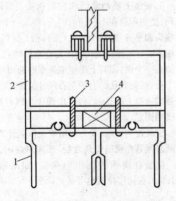

图 2-43　上窗与上窗框的连接

1—上滑道;2—上窗框扁方管;3—自攻螺钉;4—木垫块

(4)上窗与窗框组装:先切两小块 12mm 木板,将其放在窗框上滑道的顶面。再把口字形上窗框放在上滑道的顶面,并将两者前后左右的边对正。然后从上滑道由下向上打孔,将两者一并钻通,用自攻螺钉将上滑道和上窗边框扁方管连接起来,如图 2-43 所示

图　　示	做　　法
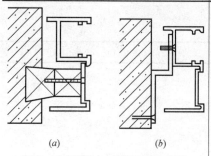 (a)　　　　　(b) 图 2-44　窗框与砖墙的连接安装	**4. 铝合金推拉窗安装** （1）窗框与砖墙安装：先用水泥将砖墙的洞修平整，窗洞尺寸要比铝合金窗框尺寸大，四周各边均大 25～35mm。 在铝合金窗框上安装角码或者木块，每条边上各安装两个。角码需要用水泥钉钉固在窗洞墙内，如图 2-44 所示。 对装在洞中的铝合金窗框，进行水平和垂直度校正。校正完毕后用木楔块把窗框临时固紧在窗洞中。然后用保护胶带纸将窗框周边贴好，以防用水泥周边塞口的时候造成铝合金表面损伤。 窗框周边填塞水泥时，水泥浆要有较大的稠度。水泥要填实，将水泥浆用灰刀压入填缝中，填好后将窗框周边抹平
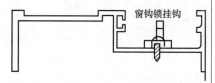 图 2-45　窗锁挂钩的安装位置	（2）窗钩锁挂钩安装：窗钩锁的挂钩安装在窗框的边封凹槽内（图 2-45）。挂钩的安装位置尺寸要和窗扇上挂钩锁洞的位置相对应。挂钩的钩平面通常可位于锁洞孔的中心线处。根据此对应位置，在窗框边封槽内划线打孔。 钻孔直径 ϕ4mm，用 M5 自攻螺钉将锁钩临时固紧，然后移动窗扇到窗边框边封槽内，检查窗扇锁可不可以和锁钩相接将窗锁定。如果不能，则需要检查是不是锁钩位置高低的问题，或是锁钩左右偏斜问题。如果是高低问题，只要将锁钩螺钉拧松，向上或向下调整好后再固紧螺钉即可。 偏斜问题则需要测一下偏斜量，再重新打孔固定，直至能将窗扇锁定
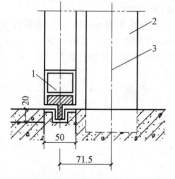 图 2-46　自动门下轨道埋设示意图 1—自动门扇下冒；2—门框；3—门柱中心线	**5. 铝合金自动门安装施工** （1）地面导向轨安装：铝合金自动门地面上装有导向性下轨道。在土建做地坪时，先在地面上预埋 50mm×75mm 方木条一根，自动门安装的时候，撬出方木条便可以埋设下轨道，下轨道的长度为开启门宽的两倍。图 2-46 为 ZM-E$_2$ 型自动门下轨道埋设示意图
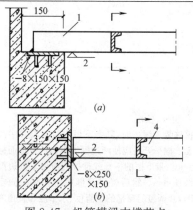 图 2-47　机箱横梁支撑节点 1—机箱层横梁（18 号槽钢）；2—门扇高度； 3—门扇高度＋90mm；4—18 号槽钢	（2）横梁安装：自动门上部机箱层主梁是安装中的重要环节。由于机箱内装有机械以及电控装置，因此，对支承梁的土建支撑结构的强度以及稳定性有一定的要求。常用的有两种支撑节点，如图 2-47 所示，通常砖结构宜采用(a)式，混凝土结构宜采用(b)式

2.5 塑料门窗的安装

图　示	做　法
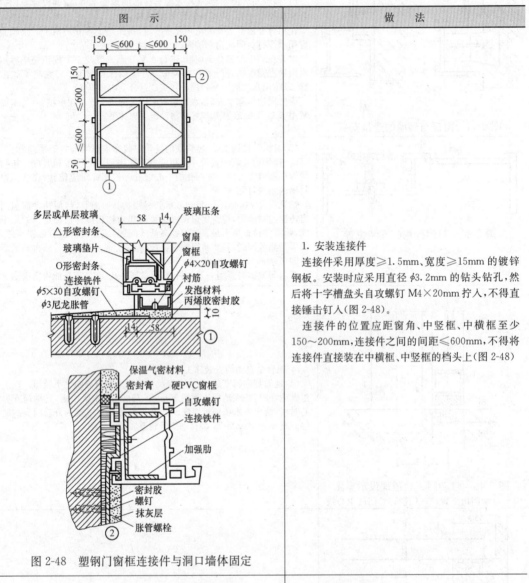图 2-48　塑钢门窗框连接件与洞口墙体固定	1. 安装连接件 连接件采用厚度≥1.5mm、宽度≥15mm 的镀锌钢板。安装时应采用直径 ϕ3.2mm 的钻头钻孔,然后将十字槽盘头自攻螺钉 M4×20mm 拧入,不得直接锤击钉入(图 2-48)。 连接件的位置应距窗角、中竖框、中横框至少150～200mm,连接件之间的间距≤600mm,不得将连接件直接装在中横框、中竖框的档头上(图 2-48)
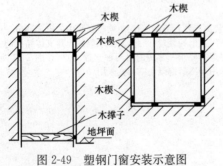图 2-49　塑钢门窗安装示意图	2. 立门窗框、校正 当门窗框装入洞口时,其上下框中线与洞口中线对齐。无下框平开门应使两边框的下脚低于地面标高线30mm。带下框的平开或推拉门应使下框边低于标高线 10mm。然后将门窗框用木楔临时固定(图 2-49),并调整门窗框的垂直度、水平度和直角度

图 示	做 法

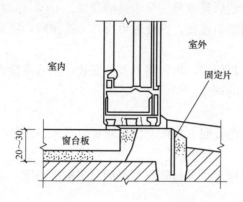

图 2-50 窗下框与墙体的固定(单位:mm)

3. 门、窗框与墙体固定

将塑料门、窗框上已安装好的 Z 形镀锌连接铁件与洞口的四周固定。先固定上框,后固定边框。固定方法应符合下列要求:

1)混凝土墙洞口,应采用射钉或塑料膨胀螺钉固定。

2)砌体洞口,应采用塑料膨胀螺钉或水泥钉固定,但不得固定在砖缝上。

3)加气混凝土墙洞口,应采用木螺钉将固定片固定在胶黏圆木上。

4)有预埋铁件的洞口,应采用焊接方法固定,也可先在预埋件上按紧固件规格打基孔,再用紧固件固定。

5)窗下框与墙体的固定如图 2-50 所示。

6)每个 Z 形镀锌连接件的伸出端不得少于两只螺钉固定。门、窗框与洞口墙之间的缝隙应均等

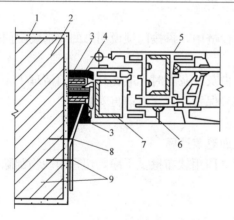

图 2-51 塑料门窗框嵌缝注膏示意图(单位:mm)
1—底层刮糙;2—墙体;3—密封膏;
4—软质填充料;5—塑扇;6—塑框;
7—衬筋;8—连接件;9—膨胀螺栓

4. 安装组合窗、连窗门

(1)安装组合窗、连窗门时,拼樘料与洞口的连接应符合以下要求:

1)当拼樘料与混凝土过梁或柱子连接时,应采用预埋件或后置件并采用焊接或紧固件固定。

2)拼樘料与砖墙连接时,建议在砖墙中预先砌筑有预埋件的混凝土块,然后采用焊接或紧固件的方法固定。

(2)拼樘料与窗框连接如图 2-51 所示

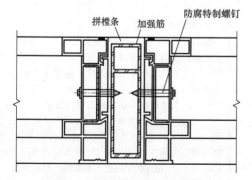

图 2-52 拼樘料与窗框架安装节点图
注:1. 横向拼条安装完后,在室内应采用硅酮密封胶通长封闭;
2. 固定拼条的防腐特制螺钉间距不应大于 600mm

5. 嵌缝密封

(1)卸下对拔木楔,清除墙面和边框上的浮灰。

(2)在门、窗框与墙体之间的缝隙内嵌塞 PE 高发泡条、矿棉毡或其他软填料,外表面留出 10mm 左右的空槽。

(3)在软填料内、外两侧的空槽内注入嵌缝膏密封,如图 2-52 所示。

(4)注嵌缝膏时,墙体需干净、干燥,室内外的周边均须注满、打匀,注嵌缝膏后应保持 24h 不得见水

6. 安装门窗扇

（1）平开门窗扇安装：应先在厂内剔好框上的铰链槽，到现场再将门窗扇装入框中，调整扇与框的配合位置，并用铰链将其固定，然后复查开关是否灵活自如。

（2）推拉门窗扇安装：由于推拉门窗扇与框不连接，因此对可拆卸的推拉扇，应先安装好玻璃后再安装门窗扇。

（3）对出厂时框、扇就连在一起的平开塑料门窗，则可将其直接安装，然后再检查开启是否灵活自如，如发现问题，则应进行必要的调整。

7. 镶配五金

（1）在框、扇杆件上钻出略小于螺钉直径的孔眼，用配套的自攻螺钉拧入。严禁将螺钉用锤直接打入。

（2）安装门、窗铰链时，固定铰链的螺钉应至少穿过塑料型材的两层中空腔壁，或与衬筋连接。

（3）安装平开塑料门、窗时，剔凿铰链槽不可过深，不允许将框边剔透。

（4）平开塑料门窗安装五金时，应给开启扇留一定的吊高，正常情况门扇吊高 2mm，窗扇吊高 1～2mm。

（5）安装门锁时，先将整体门扇插入门框铰链中，再按门锁说明书的要求装配门锁。

8. 清洁保护

（1）门、窗表面及框槽内粘有水泥砂浆、白灰砂浆等时，应在其凝固前清理干净。

（2）塑料门安好后，可将门扇暂时取下编号保管，待交活前再安装上。

（3）塑料门框下部应采取措施加以保护。

（4）粉刷门、窗洞口时，应将塑料门窗表面遮盖严密。

（5）在塑料门、窗上一旦沾有污物时，要立即用软布擦拭干净，切忌用硬物刮除。

2.6　自动门的安装

图　　示	做　　法
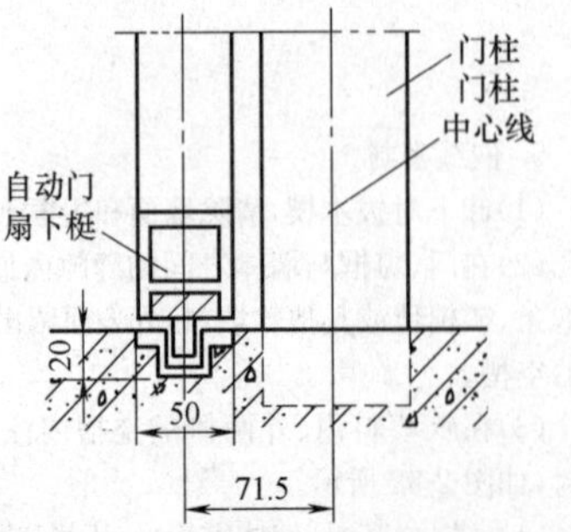 图 2-53　自动门下轨道埋设示意图	**1. 地面导轨安装** 　　铝合金自动门、不锈钢自动门和无框全玻璃自动门在地面上均装有导向性下轨道，异型薄壁钢管自动门在地面上设滚轮导向铁件。地坪施工时，应准确测定内外地面的标高，作出可靠标志；然后按设计图规定的尺寸放出下部导向装置的位置线，预埋滚轮导向铁件或预埋槽口木条。槽口木条采用 50mm×70mm 方木，其长度为开启门宽的 2 倍。安装前撬出方木条，安装下轨道（图 2-53）。安装的轨道必须水平，预埋的动力线不能影响门扇的开启

图　示	做　法
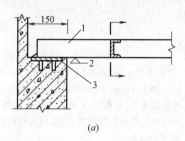 *(a)* 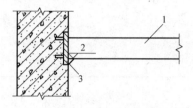 *(b)* 图 2-54　机箱横梁支承节点图 (*a*)砌体结构采用；(*b*)混凝土结构采用 1—机箱横梁；2—门扇高度； 3—预埋铁件(8mm×150mm×150mm)	**2. 横梁安装** 　　自动门上部机箱层横梁，一般采用[18 槽钢。墙体施工时应预埋钢板，安装时横梁与预埋钢板连接牢固。常用的机箱层横梁支承节点有两种，分别支承于砌体结构和混凝土结构上，如图 2-54 所示。安装横梁下的上导轨时，应考虑到门上盖的装卸方便。一般可采用活动条密封，安装后不能使门受到安装应力，即必须是零荷载

2.7　全玻璃门的安装

1. 固定玻璃部分安装

图　示	做　法
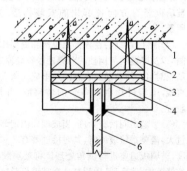 图 2-55　门框顶部限位槽构造 1—门过梁；2—定位方木；3—胶合板 4—不锈钢板；5—注玻璃胶；6—厚玻璃	(1)定位、放线：凡由固定玻璃和活动玻璃门扇组合成的玻璃门，必须统一放线定位。按设计要求，放出玻璃门的定位线，并确定门框位置，准确地测量地面标高和门框顶部标高以及中横框标高。 　　(2)安装框顶部限位槽：限位槽的宽应大于玻璃厚度 2～4mm，槽深为 10～20mm。其做法如图 2-55 所示。限位槽除木衬外，还可采用 1.5mm 钢板压制、钢板焊制及铝金属型材等衬里外包不锈钢等制成

图　示	做　法
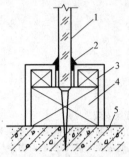 图 2-56　不锈钢饰面木底托构造 1—厚玻璃；2—注玻璃胶；3—不锈钢板； 4—方木；5—地坪	（3）安装金属饰面的木底托：先把方木用钉或膨胀螺栓固定在地面上，然后再用万能胶将金属饰面板粘在方木上，如图 2-56 所示。若采用铝合金方管，可以用铝角固定在框柱上，或用木螺钉固定在埋入地面中的木桩上
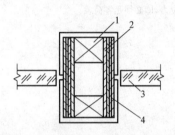 图 2-57　厚玻璃板与框柱间的安装要求 1—方木；2—胶合板； 3—厚玻璃；4—包框不锈钢板	（4）安装竖向门框：按中心线钉立门框方木，并用胶合板确定门框柱的外形和位置。金属装饰面包饰时要把饰面对头接缝放置在安装玻璃的两侧中间位置（图 2-57）。接缝位置必须准确并保证垂直。 （5）安装玻璃：先把玻璃上部插入门框顶部的限位槽，然后把玻璃的下部放到底托上。玻璃下部对准中心线，两侧边正好封住门框处的金属饰面对缝口，要求做到内外都看不见饰面接缝口，如图 2-57 所示
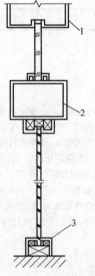 图 2-58　玻璃门竖向安装示意图 1—大门框；2—横框或小门框；3—底托	（6）固定玻璃：用两根小方木条把厚玻璃夹在底托方木中间，方木条距玻璃板面 4mm 左右，然后在方木条上涂刷万能胶，将饰面金属板粘卡在方木条上，玻璃板竖直方向各部位的安装构造，如图 2-58 所示。 （7）灌注玻璃胶：在顶部限位槽和底部托槽口的两侧，以及厚玻璃与框柱的对缝处等各缝隙处，注入玻璃胶封口。使玻璃胶在缝隙外形成一条表面均匀的直线，用塑料片刮去多余的玻璃胶，并用布擦净胶迹。 （8）玻璃之间接缝处理：当玻璃门固定部分因尺寸过大，需要拼接玻璃时，其对接缝要有 2～3mm 的宽度，玻璃板边要进行倒角处理。将玻璃胶注入对接的缝隙中，注满后，用塑料片在玻璃板对接缝的两面将胶刮平，使缝隙形成一条洁净的均匀直线

2. 活动玻璃门安装

　　玻璃门扇一般无门扇框，只有上下金属门夹，或只在角部为安装轴套而装极少一部分金属件。活动门扇的开闭靠上下金属门夹或部分金属件铰接的地弹簧来实现（图2-59）。

　　门扇安装前，地面地弹簧与门框顶面的定位销应定位安装完毕，两者必须同轴线。安装时要吊直，确保地弹簧转轴与定位销的中心线在同一垂直线上。

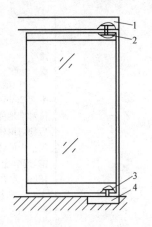

图 2-59　玻璃门活动门扇示意图
1—固定门框；2—门扇上门夹；3—门扇下门夹；4—地弹簧

活动玻璃门安装的具体做法见下表。

图　　示	做　　法
图 2-60　上下门夹安装构造示意图 1—门扇厚玻璃；2—玻璃胶；3—方木条； 4—胶合板或胶垫；5—上下门夹	（1）安装玻璃门扇上下门夹：把上下金属门夹分别装在玻璃门扇上下两端，并测量门扇高度。如果门扇的上下边距门横框及地面的缝隙超过规定值，可在上下门夹内的玻璃底部垫木夹板条，如果门扇高度过大超过安装尺寸，则需裁去玻璃扇的多余部分。若为钢化玻璃则需按安装尺寸重新定制。 （2）固定玻璃门扇上下门夹：定好门扇高度后，在厚玻璃与上下金属门夹内的两侧缝隙处插入小木条，并轻敲稳实，然后在小木条、厚玻璃、门夹之间的缝隙中注入玻璃胶，如图2-60所示

图　示	做　法
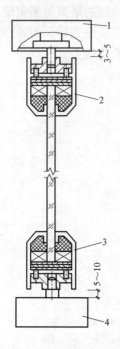 图 2-61　门扇定位安装方法 1—门框横梁；2—门扇上门夹； 3—门扇下门夹；4—地弹簧	（3）门扇安装：先将门框横梁上的定位销调出横梁平面 2mm；再把门扇下门夹内的转动销连接件的孔位对准地弹簧的转动销轴。将孔位套入销轴上；然后把门扇转动 90°使之与门框横梁成直角，把门扇上门夹中的转动连接件的孔对准门框横梁上的定位销，调节定位销的调节螺钉，将定位销插入孔内 15mm 左右，如图 2-61 所示
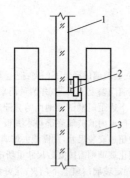 图 2-62　玻璃门拉手安装 1—门扇玻璃；2—固定螺钉；3—门拉手	（4）安装玻璃门拉手：拉手孔洞一般在裁割玻璃时加工完成。拉手连接部分插入洞口时应略有松动；如过松，可在插入部分裹上软质胶带。安装前在拉手插入玻璃的部分涂少许玻璃胶。拉手组装时，其根部与玻璃靠紧密后再拧紧固定螺钉，以保证拉手没有松动现象，如图 2-62 所示

2.8　特种门窗的安装

1. 涂色镀锌钢板门窗的安装

（1）带副框涂色镀锌钢板门窗安装

图　示	做　法
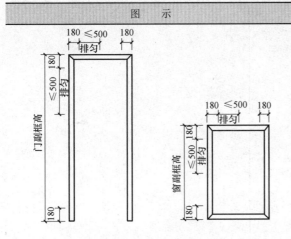 图 2-63　有副框门窗与副框连接示意图（单位：mm） 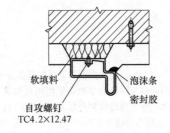 图 2-64　金属膨胀螺栓连接 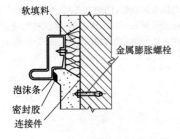 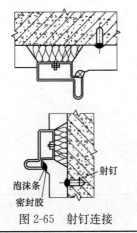 图 2-65　射钉连接	1）用水平管、线坠、粉线包等工具分别弹出彩板门窗安装的水平线和垂直中心线。 2）用自攻螺钉把连接铁脚固定在副框上，铁脚在副框上的位置如图 2-63 所示 3）副框安装时，首先根据已弹好的门窗的水平标高线和垂直中心线，用对拔木楔临时固定，然后进行调整，使其水平标高、中心位置都符合设计和规范规定。 4）副框固定。彩板门窗的副框与墙体的连接，要根据砖墙、混凝土墙、加气混凝土墙等不同的墙体材料分别采用金属胀锚螺栓、射钉、预埋件焊接等方法进行连接。对副框进行正式固定，如图 2-64、图 2-65 所示

图　示	做　法

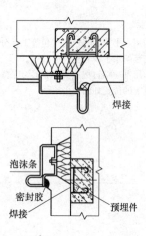

图 2-66　预埋件焊拉连接

5)彩板门窗的副框与墙体的缝隙处理。彩板门窗的副框与墙体的缝隙应采用闭孔泡沫塑料、发泡聚苯乙烯等弹性材料分层填塞,但不宜过紧。对于保温、隔声等级要求较高的工程,应采用相应的隔热、隔声材料填塞。但内外要留 15～20mm 的槽,并在槽内抹水泥砂浆,同时在外墙面水泥砂浆与门窗副框相交处留 6～8mm 深的槽,水泥砂浆凝固后,在槽内注入防水密封胶,如图 2-66、图 2-67 所示

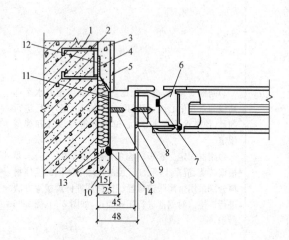

图 2-67　有副框彩板门窗安装节点
1—预埋件(ϕ10 圆钢);2—预埋钢板(5mm×100mm×100mm);
3—水泥砂浆;4—连接铁件;5—外层装饰;6—门窗外框;
7—塑料盖;8—自攻螺钉;9—密封膏;10—洞口;11—副框;
12—焊接;13—泡沫条;14—密封胶条

（2）不带副框涂色镀锌钢板门窗安装

图　示	做　法

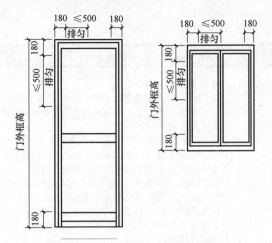

图 2-68　无副框门窗固定孔位图(单位:mm)

1)无副框的彩板门窗可在外装饰工序施工完成后进行,如果外装的饰面材料是面砖等贴面材料饰面,宜在施工贴面材料以前进行。

2)连接点钻孔。无副框的彩板门窗一般是用膨胀螺栓直接将外框与墙体连接的,所以钻孔时,墙体门窗、洞口上的孔位应与门、窗外框上的孔位一一对应,门、窗外框固定孔位图,如图 2-68 所示

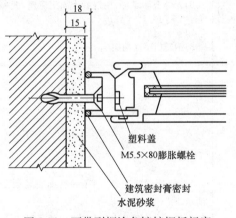

塑料盖

M5.5×80膨胀螺栓

建筑密封膏密封

水泥砂浆

图 2-69　不带副框涂色镀锌钢板门窗
安装节点图(单位:mm)

3)立门、窗框。将门、窗框装入门、窗洞内的安装位置上,调整垂直、水平、对角线及进深位置,找正后用对拔木楔临时塞紧,如图 2-69 所示

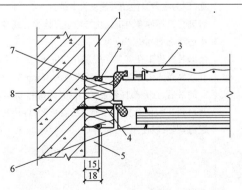

图 2-70　无副框彩板门窗安装节点(单位:mm)

1—洞口;2—密封膏;3—推拉纱扇;4—膨胀螺栓;
5—水泥砂浆;6—推拉门窗内扇;7—门窗外框;8—软埋料

4)固定门窗。用膨胀螺栓插入门、窗外框及门、窗洞口上钻的孔洞内,拧紧膨胀螺栓,将门、窗外框与洞口墙体固定牢。

5)缝隙处理。在门、窗外框与墙体间的缝隙内应采用闭孔泡沫塑料、发泡聚苯乙烯等弹性材料分层填塞,但不宜过紧。对于保温、隔声等级要求较高的工程,应采用相应的隔热、隔声材料填塞。但内外要留 15～20mm 的槽,并在槽内抹水泥砂浆,同时在外墙面水泥砂浆与门窗副框相交处留 6～8mm 深的槽,水泥砂浆凝固后,在槽内注入防水密封胶,如图 2-70 所示

安装完毕后剥去门窗保护膜，将门窗上的油污、脏物清洗干净；对于在运输、安装过程中门窗破损的表面用门窗厂家提供的与门窗颜色、涂层材质一致的修色液进行修色，以保证门窗颜色一致。

2. 金属转门的安装

图　　示	做　　法
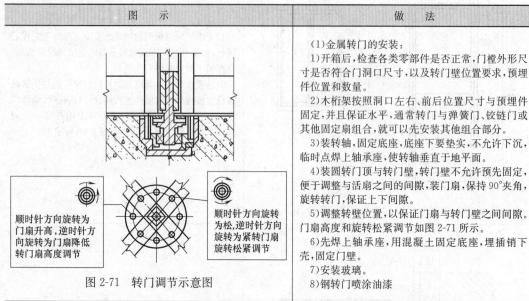图 2-71　转门调节示意图	(1)金属转门的安装： 1)开箱后，检查各类零部件是否正常，门樘外形尺寸是否符合门洞口尺寸，以及转门壁位置要求，预埋件位置和数量。 2)木桁架按照洞口左右、前后位置尺寸与预埋件固定，并且保证水平，通常转门与弹簧门、铰链门或其他固定扇组合，就可以先安装其他组合部分。 3)装转轴，固定底座，底座下要垫实，不允许下沉，临时点焊上轴承座，使转轴垂直于地平面。 4)装圆转门顶与转门壁，转门壁不允许预先固定，便于调整与活扇之间的间隙，装门扇，保持90°夹角，旋转转门，保证上下间隙。 5)调整转壁位置，以保证门扇与转门壁之间间隙。门扇高度和旋转松紧调节如图 2-71 所示。 6)先焊上轴承座，用混凝土固定底座，埋插销下壳，固定下壁。 7)安装玻璃。 8)钢转门喷涂油漆
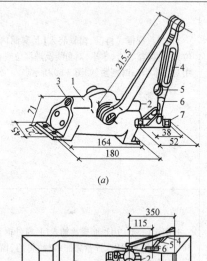(a) (b) 图 2-72　门顶弹簧安装示意图(装于左内开门上) (a)液压式；(b)安装示意图(装于左内开门上) 1—油泵壳体；2—速度调节螺钉；3—有空螺钉； 4—牵杆套梗；5—紧定螺钉；6—牵杆；7—牵杆臂架	(2)门顶弹簧安装：门顶弹簧的安装如图 2-72 所示。 1)首先将油泵壳体 1 安装在门的顶部，并且注意使油泵壳体上的速度调节螺钉 2 朝向门上的铰链一面(因为主臂只能朝着速度调节螺钉 3 的方向扳动，否则会损坏油泵内部结构)，油泵壳体中心线和铰链中心线之间的距离应为 350mm。 2)其次将牵杆臂架 7 安装在门框上，臂架中心线和油泵壳体中心线之间的距离应为 15mm。 3)最后，松开牵杆套梗 4 上的紧固螺钉 5，并将门开启到 90°，使牵杆 6 延伸到所需长度，再拧紧紧固螺钉，即可以使用

图　示	做　法

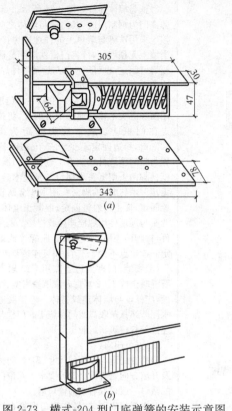

(3)门底弹簧的安装：

1)横式-204 型门底弹簧的安装。

①把顶轴安装在门框上部,顶轴套板安装在门扇顶端,两者的中心必须对准。

②从顶轴下部吊一垂线,找出安装在楼地面上的底轴的中心位置和底板木螺钉孔的位置,然后把顶轴拆下。

③先将门底弹簧主体装在门扇下部,再将门扇放入门框,对准顶轴和底轴的中心以及底板上的木螺钉孔的位置,然后再分别把顶轴固定在门框上部,底板固定在楼地面上,最后将盖板装在门扇上,以遮蔽框架部分(图 2-73)。

2)直式-105 型门底弹簧的安装：

可参照横式-204 型门底弹簧的安装方法进行安装

图 2-73　横式-204 型门底弹簧的安装示意图

(a)横式-204 型；(b)安装示意图

3. 防火防盗门的安装

防火防盗门安装的做法见下表。

图　示	做　法

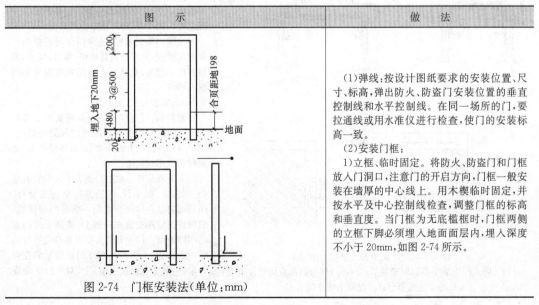

(1)弹线：按设计图纸要求的安装位置、尺寸、标高,弹出防火、防盗门安装位置的垂直控制线和水平控制线。在同一场所的门,要拉通线或用水准仪进行检查,使门的安装标高一致。

(2)安装门框：

1)立框、临时固定。将防火、防盗门和门框放入门洞口,注意门的开启方向,门框一般安装在墙厚的中心线上。用木楔临时固定,并按水平及中心控制线检查,调整门框的标高和垂直度。当门框为无底槛框时,门框两侧的立框下脚必须埋入地面面层内,埋入深度不小于 20mm,如图 2-74 所示。

图 2-74　门框安装法(单位:mm)

41

图　　示	做　　法

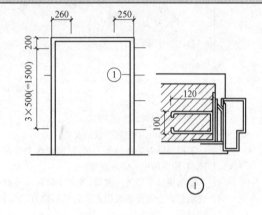

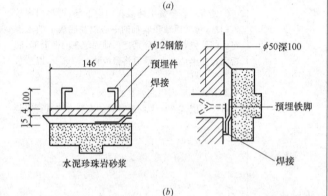

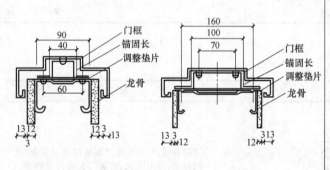

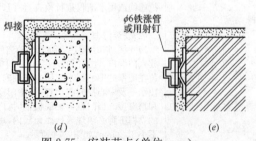

图 2-75　安装节点(单位:mm)
(a)钢质防火门安装节点;(b)安装节点;(c)门框与石膏板墙连接节点;
(d)砖墙连接节点;(e)混凝土墙连接节点

2)框与墙体连接如图 2-75 所示。当防火、防盗门为钢制门时,其门框与墙体之间的连接应采用铁脚与墙体上的预埋件焊接固定。当墙上无预埋件时,将门框铁脚用膨胀螺栓或射钉固定,也可用铁脚与后置埋件焊接,每边固定点不少于三处。

当防火、防盗门为木质门时,在立门框之前用两颗沉头木螺钉通过中心两孔,将铁脚固定在门框上。通常铁脚间距为 500 ~ 800mm,每边固定不少于三个铁脚,固定位置与门洞预埋件相吻合。砌体墙门洞口,门框铁脚两头用沉头木螺钉与预埋木砖固定。无预埋木砖时,铁脚两头用 M6 金属膨胀螺栓固定,禁止用射钉固定;混凝土墙体,铁脚两头与预埋件用螺栓连接或焊接。若无预埋件,铁脚两头用 M6 金属膨胀螺栓或射钉固定。固定点不少于三个,而且连接要牢固。

(3)塞缝:门框周边缝隙用 C20 以上的细石混凝土或 1:2 水泥砂浆填塞密实、镶嵌牢固,应保证与墙体连成整体。养护牢固后用水泥砂浆抹灰收口或门套施工。门框与墙体连接处打建筑密封胶。

(4)安装门扇:

1)检查门扇与门框的尺寸、型号、防火等级及开启方向是否符合设计要求。双扇门门扇的裁口一般采取右扇为盖口扇。

2)木质门扇安装时,先将门扇靠在框上画出相应的尺寸线,门扇与门框的侧、上缝隙通常为 1.5mm,下缝为 6mm,双扇门裁口缝为 1.5mm。合页安装的数量按门扇自身重量和设计要求确定,通常为 2~4 片。上下合页分别距离门扇端头 200mm。合页裁口位置必须准确,保持大小、深浅一致。合页的三齿片固定在门框上,两齿片固定在门扇上。

3)金属门扇安装时,通常门扇与门框由厂家配套供应,只要核对好规格、型号、尺寸,调整好四周缝隙,直接将合页用螺钉固定到门框上即可。

(5)安装密封条、五金件:

1)密封条、五金件安装在面层油漆干燥后进行。将配套的密封条嵌入门框的槽口内,密封条的连接处和四个角部,应拼接严密,必要时可以用胶粘结。

2)安装五金件。根据门的安装说明安装插销、闭门器、顺序器、门锁及拉手等五金件。闭门器安装在门开启方向一面的门扇顶端,斜撑杆固定端安装在门框上,并调节闭门器的闭门速度。拉手和防火锁安装高度通常为距地面 950~1000mm,对开门扇锁要装在盖口扇(一般为右扇或大扇)上,对开门必须安装顺序器

4. 卷帘门的安装

（1）施工机具

1）主要机械。电焊机、手电钻（图2-76）、电锤、手持砂轮机等。

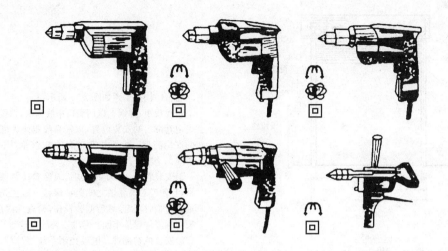

图 2-76　手电钻

2）主要工具。木楔、锤子、钳子、螺钉刀、电工工具、各种扳手等。

3）主要计量检测用具。水准仪、水平尺、钢板尺、直角尺、塞尺、钢尺、线坠等。

4）主要安全防护用品。绝缘手套、面罩等。

（2）金属卷帘门窗安装的形式

1）外装式。卷帘门安装在洞口外侧，如图2-77（a）。

2）内装式。卷帘门安装在洞口内侧，如图2-77（b）。

3）中装式。卷帘门安装在洞口中间，如图2-77（c）。

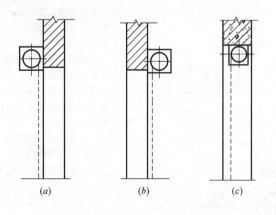

图 2-77　卷帘门窗安装形式

（a）外装式；（b）内装式；（c）中装式

（3）施工技术

图　　示	做　　法

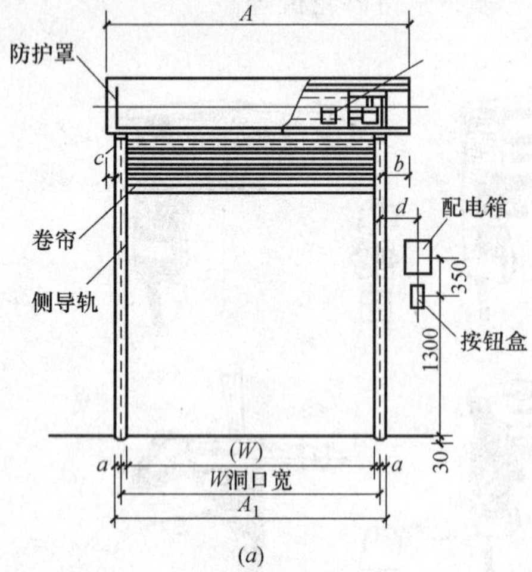

(a)

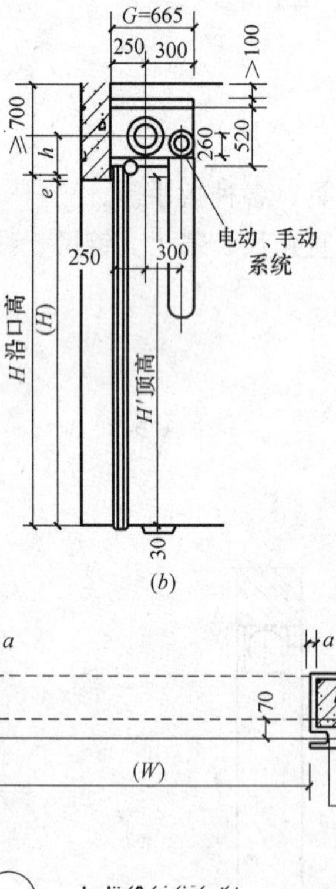

(b)

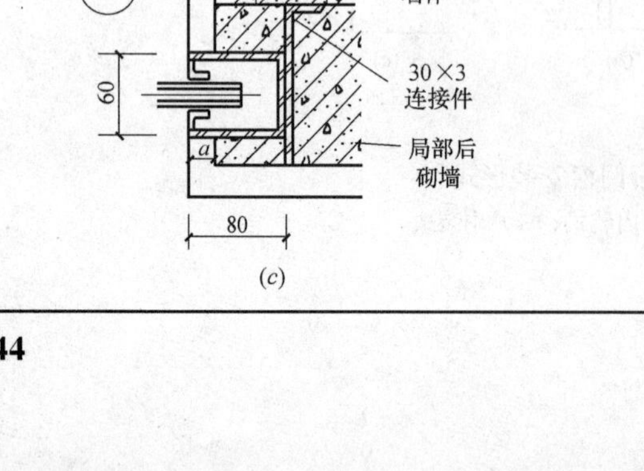

(c)

卷帘门构造示意如图 2-78 所示：

1）找规矩、弹线。以门洞口中线为准，按设计要求确定卷帘门的安装位置，以标高控制线为准确定门的安装高度，测设出门两侧的轨道垂线、卷筒中心线。

2）安装卷动芯轴。安装时，应使卷动芯轴保持水平，且使卷芯与导轴之间距离保持一致。先对卷芯轴进行临时固定，然后调整校核，检查无误后，将支架与预埋件焊接牢固。芯轴安装后应转动灵活。

3）安装控制部件。电器控制系统、感应器、导轴、导轨驱动机构等部件按产品说明书或装配图进行安装。安装各部件时，要定位准确，安装牢固，松紧适度，并在轨道、链轮等转动或滑动部位适当添加润滑油。然后接通电源，对各部件进行空载调试。如果是手动的，安装手动机构。

4）安装卷帘。卷帘分为工厂拼装和现场拼装两种。现场拼装时，将帘片逐片进行拼装后，固定盘卷到卷动轴上。工厂已拼装好的，可直接固定并盘卷到卷轴上。安装时卷帘正面朝外，不得装反。安装好后应将帘片擦干净，并调整大面的平整度，片与片之间应转动灵活。

5）安装导轨。按图纸要求，将导轨就位，用木楔临时固定，调平、调垂直后，通过角码、膨胀螺栓或电焊与墙体埋件连接牢固，焊接固定时需将焊渣敲掉，经检查合格后，在施焊部位刷好防锈漆。安装好的两条导轨，必须平行且与地面垂直。

6）调试。调试时先进行手动升降，确认无问题后再将卷帘下降到门洞口中间部位，进行通电运行，使卷帘上下动作。调试达到动作灵敏，启闭灵活，无明显卡阻和异常噪声为止，升降速度符合设计和规范要求。

7）塞缝、饰面。将导轨边缝清理干净，用发泡胶或密封胶塞缝，再按要求粉刷或镶砌墙体饰面层。然后将卷帘门及现场清理干净

图　示	做　法

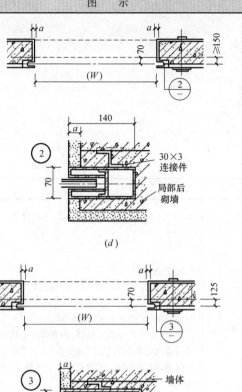

（d）

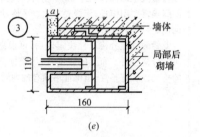

（e）

图 2-78　卷帘门构造示意图（单位：mm）

（a）立面；（b）剖面；（c）8 型平面；

（d）14 型平面；（e）16 型平面

第3章　吊顶工程

3.1　轻钢龙骨吊顶安装

图　示	做　法
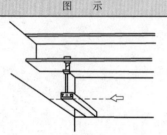 图 3-1　划出龙骨的外延,并标出连接件的位置 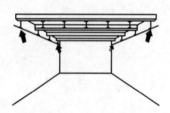 图 3-2　放上四角连接件,并用绳子固定其他连接件	**1. 弹线定位** (1)弹线定出标高线:弹标高线的基准一般应该以室内地平线为准,吊顶标高线可以弹在四周墙面或是柱面上,如图 3-1、图 3-2 所示。 (2)龙骨布置分格定位线:两龙骨中心线的间距尺寸通常大于饰面板尺寸 2mm 左右,安装时控制龙骨的间隔需要用模规,模规要求两端平整,尺寸绝对准确,和要求的龙骨间隔一致。 　龙骨的标准分格尺寸决定以后,再根据吊顶面积决定分格位置。布置的原则是:尽量保证龙骨分格的均匀性和完整性,以保证吊顶有规则的装饰效果
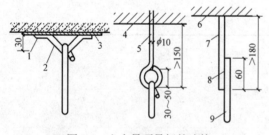 图 3-3　上人吊顶吊杆的连接 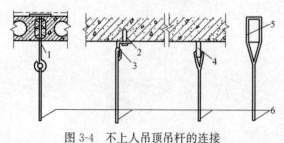 图 3-4　不上人吊顶吊杆的连接	**2. 固定吊杆** (1)轻钢龙骨吊顶较轻,吊杆的间距通常为 900～1500mm,其大小取决于荷载。 (2)吊杆和结构的固定方式如图 3-3 和图 3-4 所示。当使用尾部带孔的射钉固定时,只要将吊杆一端的弯钩或者钢丝穿过圆孔即可。如果用带孔射钉,则可另外选用一块小角钢用射钉固定在基体上,角钢的另一肢上钻有 5mm 左右的小孔,将吊杆或者钢丝穿入小孔即可。吊杆的固定方式,一定要按着上人吊顶和不上人吊顶的方式来决定。 (3)吊杆应通直并且有足够的承载能力,当预埋件和吊杆需要接长时,必须搭接焊牢,焊缝长度不小于50mm,并且焊缝均匀无气孔或夹渣现象。 (4)吊杆的间距通常是 900～1500mm,其大小取决于荷载的大小和龙骨的断面,荷载大则吊点应该近些;龙骨断面大,刚性强,则吊点可以适当减少,但是吊杆距龙骨端部距离不得超过 300mm。 (5)不上人吊顶可采用伸缩式吊杆,这种吊杆是指杆的长度可以自由调节的吊杆。它是由两根 6～10 号钢丝穿入一个弹簧钢片做成的简易伸缩式吊杆。当压缩弹簧钢片时,钢片两端的孔重合,吊杆可以自由伸缩;当钢片处于自由状态时,两端孔位分离,与吊杆卡紧,定位

图　　示	做　　法

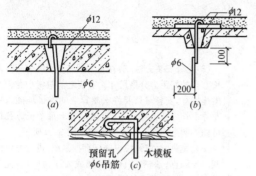

图 3-5　吊筋与顶棚结构层的连接方法
(a)、(b)预制板上安装吊筋;(c)现浇板上安装吊筋

3. 安装吊筋

先确定吊筋的位置,再在结构层上钻孔安装膨胀螺栓。上人龙骨的吊筋采用直径 6mm 的钢筋,间距为 900～1200mm;不上人龙骨宜采用直径为 4mm 的钢筋,间距为 1000～1500mm。吊筋和顶棚结构层的连接方法如图 3-5(a)～(c)所示。吊筋必须刷防火涂料

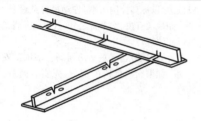

图 3-6　主、次龙骨开槽方法

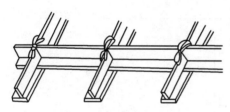

图 3-7　龙骨安装方法一

4. 安装龙骨

(1)龙骨安装方法一:在主龙骨上部开出半槽,在次龙骨的下部开出半槽,并在主龙骨的半槽两侧各打出一个 $\phi3$mm 的孔。如图 3-6 所示。安装时将主、次龙骨的半槽卡接起来,然后用 22 号细钢丝穿过主龙骨上的小孔,把次龙骨扎紧在主龙骨上,注意龙骨上的开槽间隙尺寸必须与骨架分格尺寸一致。此安装方式如图 3-7 所示

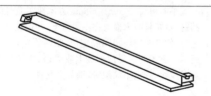

图 3-8　次龙骨连接耳做法

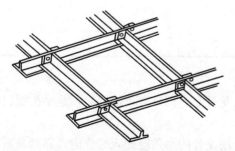

图 3-9　龙骨安装方法二

(2)龙骨安装方法二:在分段截开次龙骨上剪出连接角,一般打 $\phi4.2$mm 的孔,再用 $\phi4$mm 铝铆钉固定。连接耳的形式如图 3-8 所示。连接耳也可以打 $\phi3.8$mm 的孔,再用 M4mm 的自攻螺钉固定。安装的时候将连接耳弯成 90°的直角,在主龙骨上也打出相同直径的小孔,然后使用自攻螺钉或者抽芯铆钉将次龙骨固定在主龙骨上,安装形式如图 3-9 所示。

需要注意的是次龙骨的长度必须与分格尺寸一致,两条次龙骨的间隔应该用模规来控制

图　　示	做　　法

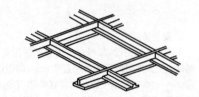

图 3-10　龙骨安装方法三

（3）龙骨安装方法三：在主龙骨上打出长方孔，两长方孔的间距为分格尺寸。安装之前应将次龙骨剪出连接耳，安装时只要将次龙骨上的连接耳插入主龙骨上长方孔再弯成 90°直角即可。每个长方孔内可插入两个连接耳。安装形式如图 3-10 所示。

安装龙骨时，应该拉纵横标高控制线，进行龙骨的调平与调直。调平应该以房间或大厅为单位，先调平主龙骨。调整方法可以在断面为 60mm×60mm 的方木上进行，按主龙骨间距钉圆钉，将主龙骨卡住，临时固定，如图 3-11 所示。方木两端顶到墙上或柱边，以标高控制为准，拧动吊杆或螺栓，升降调平。如果没有主、次龙骨之分，其纵向龙骨的安装也按照此法进行。

龙骨的安装，通常是从房间的一端依次安装到另一端。如果有高低跨的部分，先安装高跨，后安装低跨

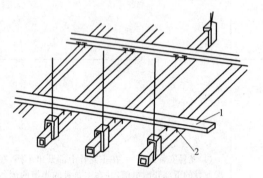

图 3-11　主龙骨定位方法
1—木方条；2—铁钉

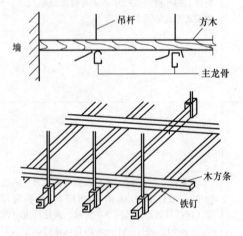

图 3-12　主龙骨固定调平示意图

5. 调平
调平时可将 60mm×60mm 方木按主龙骨间距钉圆钉，再将长方木横放在主龙骨上，并用铁钉卡住主龙骨，使其按照规定间隔定位，临时固定，如图 3-12 所示。方木两端要顶到墙上或梁边，再按照十字和对角拉线，拧动吊筋螺母，调节主龙骨

6. 装饰板安装形式

（1）第一种使用自攻螺钉装饰面板固定在龙骨上，但是自攻螺钉必须是平头螺钉，如图 3-13 所示。

（2）第二种是装饰面板成企口暗缝形式，用龙骨的两条肢插入暗缝内，靠两条肢将饰面板托挂住，如图 3-14 所示，这种方式需要用⊥型龙骨。

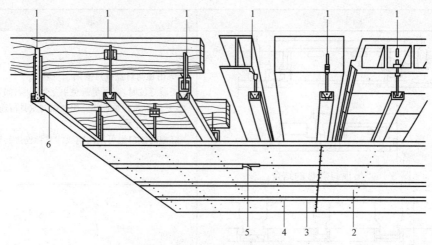

图 3-13　自攻螺钉固定饰面板

1—吊杆；2—自攻螺钉；3—普通石膏板；4—嵌缝膏；5—纸带；6—主龙骨

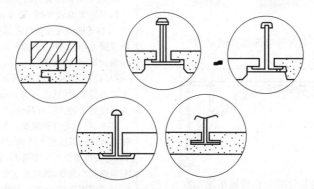

图 3-14　用企口缝形式托挂饰面板（配有居室专用企口板材）

图　　示	做　　法
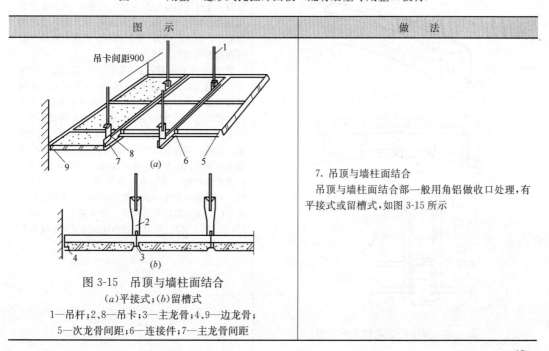　图 3-15　吊顶与墙柱面结合　（a）平接式；（b）留槽式　1—吊杆；2、8—吊卡；3—主龙骨；4、9—边龙骨；5—次龙骨间距；6—连接件；7—主龙骨间距	7. 吊顶与墙柱面结合　　吊顶与墙柱面结合部一般用角铝做收口处理，有平接式或留槽式，如图 3-15 所示

图　示	做　法

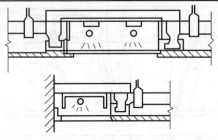

图 3-16　吊顶与灯盘的结合

8. 吊顶与灯盘或灯槽结合

安装灯位时，要尽量避免主龙骨截断，如果避免不了，要把断开的龙骨部分用加强的龙骨再连接起来，如图 3-16 所示。

灯泡的收口也可用角铝线与龙骨连接起来

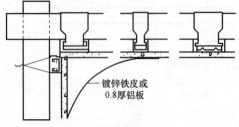

——镀锌铁皮或
0.8厚铝板

图 3-17　轻钢龙骨金属板圆弧吊顶

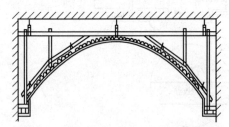

图 3-18　轻钢龙骨纸面石膏板吊顶示意

9. 轻钢龙骨圆弧形吊顶施工

1)当圆弧面较小时，圆弧面较小的吊顶，可以有26 号镀锌铁皮弯曲成所需弧度，固定在已罩石膏板的顶棚上，其上刷白色漆饰面。也可用 0.8mm 铝板做曲面饰面，如图 3-17 所示。

2)当圆弧面较大时，圆弧面较大的吊顶，应用轻钢龙骨做骨架，而纸面石膏板或胶合板罩面。用轻钢龙骨做骨架的方法有两种：

其一，将主龙骨和附加大龙骨焊成骨架(骨架的制作应通过计算或放大样确定)，然后将小龙骨割出铁口，弯成所需弧度。安装时，先安装龙骨骨架，其次安装纵向小龙骨，纵向小龙骨安装时应拉通线，使其顺直并用弧形样板边安装边检查，保证弧形圆顺。纵向小龙骨用铝丝拧在附加大龙骨上，弧形小龙骨用抽芯铝铆钉与纵向小龙骨连接，弧形龙骨安装时也需用样板随时检查，使其圆顺。纸面石膏板安装同圆弧形墙如图 3-18 所示。

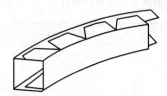

图 3-19　弧形主龙骨示意

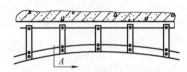

其二，先是放大样，做圆弧形台模，然后将"U"形龙骨切割出缺口，并依据台模弯出所需弧度。将两根弧形龙骨对扣在一起(图 3-19)靠在台模上，使其与台模吻合应用自攻螺钉或抽芯铝铆钉将两根"U"形龙骨连接成一个整体，这样制成了弧形吊顶的主龙骨。然后沿这条弧形龙骨跨度方向等间距固定两根竖向龙骨夹住弧形龙骨，并以此竖向龙骨为吊筋，将整片弧形龙骨固定在沿顶龙骨上，如图 3-20 所示。相邻弧形龙骨间距一般为 60mm。弧形龙骨固定好以后相邻弧形龙骨间设水平连系龙骨，每隔一间档设"剪刀撑"。所有骨架的连接均采用自攻螺钉或抽芯铆钉

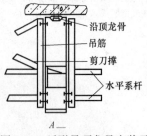

——沿顶龙骨
——吊筋
——剪刀撑
——水平系杆

图 3-20　弧形吊顶龙骨安装示意

3.2 铝合金吊顶龙骨安装

图　示	做　法
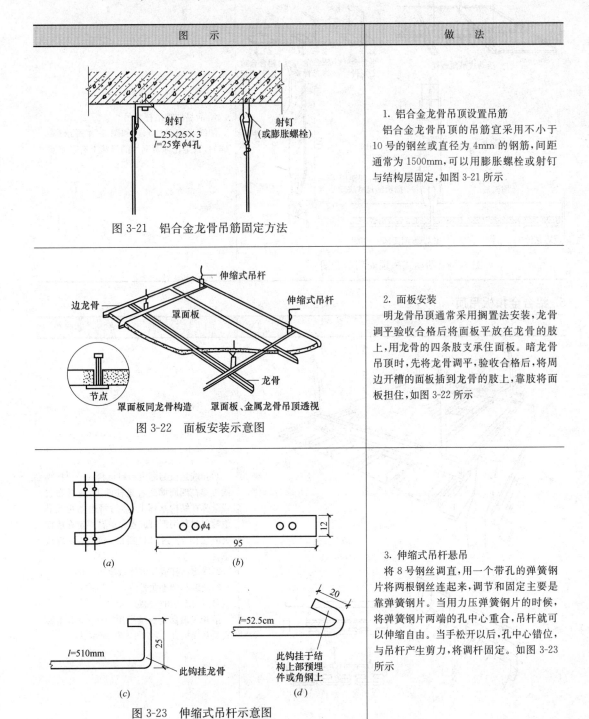 图 3-21　铝合金龙骨吊筋固定方法	**1. 铝合金龙骨吊顶设置吊筋** 铝合金龙骨吊顶的吊筋宜采用不小于 10 号的钢丝或直径为 4mm 的钢筋,间距通常为 1500mm,可以用膨胀螺栓或射钉与结构层固定,如图 3-21 所示
图 3-22　面板安装示意图	**2. 面板安装** 明龙骨吊顶通常采用搁置法安装,龙骨调平验收合格后将面板平放在龙骨的肢上,用龙骨的四条肢支承住面板。暗龙骨吊顶时,先将龙骨调平,验收合格后,将周边开槽的面板插到龙骨的肢上,靠肢将面板担住,如图 3-22 所示
图 3-23　伸缩式吊杆示意图 (*a*)弹簧铜片同吊杆连接图;(*b*)弹簧铜片; (*c*)吊杆示意图;(*d*)挂于结构预埋件上	**3. 伸缩式吊杆悬吊** 将 8 号钢丝调直,用一个带孔的弹簧钢片将两根钢丝连起来,调节和固定主要是靠弹簧钢片。当用力压弹簧钢片的时候,将弹簧钢片两端的孔中心重合,吊杆就可以伸缩自由。当手松开以后,孔中心错位,与吊杆产生剪力,将调杆固定。如图 3-23 所示

图　　示	做　　法

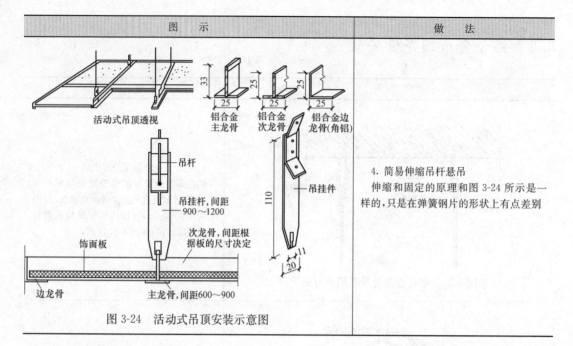

4. 简易伸缩吊杆悬吊

伸缩和固定的原理和图 3-24 所示是一样的,只是在弹簧钢片的形状上有点差别

图 3-24　活动式吊顶安装示意图

5. 铝合金扣板吊顶

图　　示	做　　法

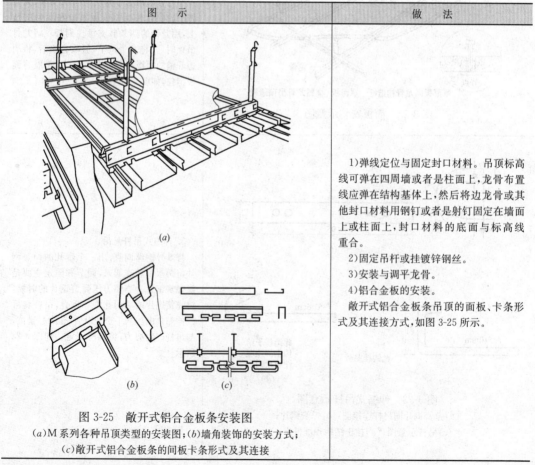

1)弹线定位与固定封口材料。吊顶标高线可弹在四周墙或者是柱面上,龙骨布置线应弹在结构基体上,然后将边龙骨或其他封口材料用钢钉或者是射钉固定在墙面上或柱面上,封口材料的底面与标高线重合。

2)固定吊杆或挂镀锌钢丝。

3)安装与调平龙骨。

4)铝合金板的安装。

敞开式铝合金板条吊顶的面板、卡条形式及其连接方式,如图 3-25 所示。

图 3-25　敞开式铝合金板条安装图

(a)M 系列各种吊顶类型的安装图;(b)墙角装饰的安装方式;

(c)敞开式铝合金板条的间板卡条形式及其连接

图　示	做　法

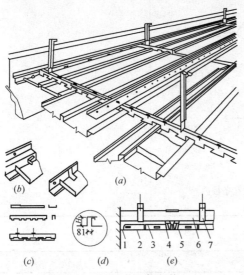

图 3-26　封闭式铝条安装
(a)吊顶典型安装示意图；(b)墙角装饰安装示意图；(c)封闭式铝
合金；(d)板材横向之间的结合槽；(e)有吸音板的安装
1—边龙骨；2—吸音纸；3—铝扣板；
4—吊卡；5—V形龙骨；6—轻钢龙骨；7—吊挂

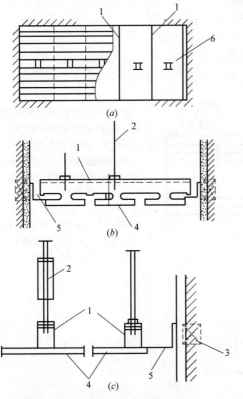

图 3-27　铝合金板条吊顶示意图
(a)铝合金扣板吊顶平面图；(b)横剖视图；(c)纵剖视图
1—龙骨；2—龙骨吊挂件；3—预埋木砖；4—铝合金条板；5—边龙骨；6—灯具

封闭式铝合金板条吊顶的面板、卡条形式及其连接方式如图 3-26 所示；具体施工方法如图 3-27 所示，安装时，应从一个方向开始，依次安装。条形板安装，一般直接卡入专用龙骨的卡脚上，安装时将板条的一端用力压入卡脚，卡条便会卡在龙骨上；对于有吸声要求的吊顶，其板条有孔，其上面放置吸声材料，具体做法如图 3-28 所示。

安装好之后的龙骨，用手摇动应牢固可靠

53

图　　示	做　　法

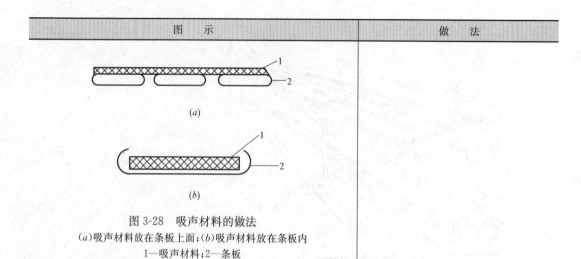

图 3-28　吸声材料的做法

(*a*)吸声材料放在条板上面;(*b*)吸声材料放在条板内

1—吸声材料;2—条板

6. 铝合金单体构件拼装

图　　示	做　　法

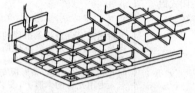

图 3-29　格栅拼装构件

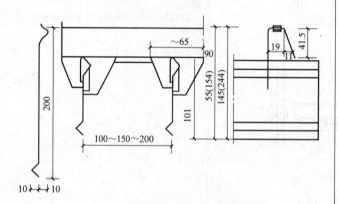

图 3-30　挂板式吊顶拼装

铝合金格栅式标准单体构件的拼装,一般采用将预拼安装的单体构件,插接、挂接或榫接在一起的方法,如图 3-29 所示。

对于挂板式吊顶,当吊顶的形式为格片式时,挂板和特别的龙骨以卡的方式连接。图 3-30 是挂板的规格以及挂板的方式。当这种挂板式吊顶要求采取十字格栅形式时,则需采用如图 3-31 所示的十字连接件。当然,这种连接件适用于有龙骨的情况,其拼装与连接示意如图 3-32 所示。

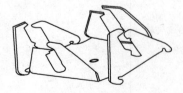

图 3-31　十字连接件

图　示	做　法
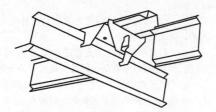 图 3-32　挂板式十字连接 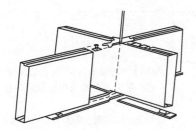 图 3-33　条板的十字连接	当格栅式吊顶用普通铝合金板条,通过一定的托架和专用的连接件,也可以构成开敞式格栅吊顶,如图 3-33 所示

3.3　木龙骨吊顶安装

图　示	做　法
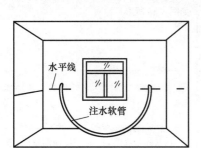 水平线 注水软管 图 3-34　水平标高线的做法	1. 确定标高线 (1)定出地面的地坪基准线:原地坪无饰面要求,基准线为原地平线。如果原地坪需要贴石材、瓷砖等饰面,则需要据饰面层的厚度来定地坪基准线,也就是原地面加饰面粘贴层。将定出的地坪基准线画在墙边上。 (2)以地坪基准线为起点,在墙面上量出吊顶的高度,在该点画出高度线。 (3)用一条塑料透明软管灌满水之后,将软管的一端水平面对准墙面上的高度线,再将软管另一端头水平面,在同侧墙面找出另一点,当软管内水平面静止时,画下该点的水平面位置,再将这两点连线,即得吊顶高度水平线,如图 3-34 所示
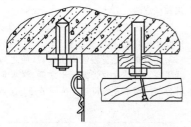 图 3-35　吊点固定形式	2. 木龙骨吊装基础工序 (1)安装吊点紧固件:用膨胀螺栓固定木方和铁件来做吊点。用冲击电钻在建筑结构底面打孔,打孔的深度等于膨胀螺栓的长度。但是在钻孔之前要检查旧钻头的磨损情况。如果钻头磨损,使钻头直径比工程尺寸小 0.3mm 以上,该钻头就应淘汰。 射钉只能固定铁件做吊点,吊点的固定形式如图 3-35 所示。用膨胀螺栓固定的木方其截面尺寸通常为 40mm×50mm 左右

图　示	做　法

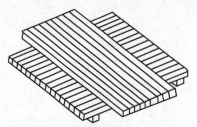

图 3-36　木龙骨涂刷防火漆

(2)木龙骨处理:木龙骨应当选择优良材质,并做防火处理。

1)对吊顶用的木龙骨进行筛选,并将其中的腐蚀部分、斜口开裂部分以及虫蛀孔等部分剔除。

2)工程中吊顶和墙壁的木龙骨架都需要涂刷防火漆,其方法是将木龙骨条分层架起,通常可架起 2～3 层,如图 3-36 所示。每一层用滚刷逐面涂刷三遍后,取下晾干备用

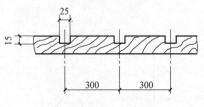

图 3-37　长木方上开凹槽

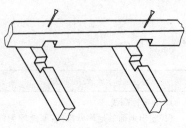

图 3-38　固定钉位

(3)木龙骨架地面拼接:木质顶棚吊顶的龙骨架,一般在吊装前在地面进行分片拼接。拼接的方法如下:

1)先把吊顶面上需要分片或可以分片的尺寸位置定出,根据分片的尺寸进行拼接前安排。

2)通常的做法是先拼接大片的木龙骨架,再拼接小片的木龙骨架。为了便于吊装,木龙骨架最大组合片不大于 10m。

3)对于截面尺寸为 25mm×30mm 的木龙骨,拼接时要在长木方上按中心线距 300mm 的尺寸开出深15mm、宽 25mm 的凹槽,如图 3-37 所示。如果有成品凹方采购可以省去此工序。然后,按凹槽对凹槽的方法进行拼接,在拼口处用小圆铁钉加胶水固定,如图 3-38 所示

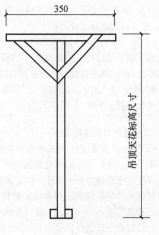

图 3-39　高度定位杆

3. 木龙骨吊装施工

(1)分片吊装:对于平面吊顶的吊装,一般先从一个墙角位置开始。其方法为:

1)将拼接好的木龙骨架托起至吊顶标高位置。对于高度低于 3.2m 的吊顶骨架,可以在骨架托起后用高度定位杆支撑,如图 3-39 所示,使高度略高于吊顶标高线。

2)用棉线或尼龙线沿吊顶标高线拉出平行和交叉的几条标高基准线,该线就是吊顶的平面基准。

3)然后将木龙骨慢慢向下移位,使之与平面基准线平齐。待整片龙骨架调平之后,将木龙骨架靠墙部分与沿墙木龙骨钉接。再用吊杆与吊点固定

图　　　示	做　　　法
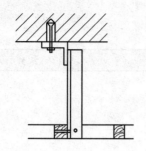 图 3-40　用角铁固定吊杆 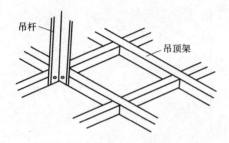 图 3-41　角铁固定时的位置	（2）与吊点固定：用角铁固定（图 3-40）的方法。在一些重要的位置或需要上人的位置，常用角铁进行固定连接木骨架。对做吊杆的角铁也应该在端头钻 2～3 个孔以便调整。角铁和木龙骨连接时，可以设置在木龙骨架的角位上，用两只木螺钉固定，如图 3-41 所示
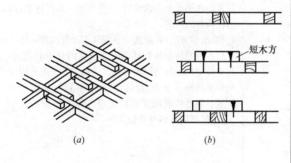 图 3-42　两分片骨架的连接 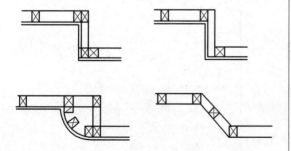 图 3-43　迭级平面龙骨连接	（3）分片间的连接：两分片木骨架有平面连接和高低面衔接两种。 1）两分片骨架在同一个平面对接时，骨架的各端头应该对正，并且用短木方进行加固。加固方法有顶面加固与侧面加固两种，如图 3-42 所示。对一些重要部位或有上人要求的吊顶，可以用铁件进行连接加固。 2）迭级平面吊顶高低面的衔接方法，通常是先用一条木方斜拉地将上、下两平面龙骨架定位，再将上、下平面的龙骨用垂直的木方条固定连接，如图 3-43所示

3.4 明龙骨吊顶安装

1. 吊顶构件吊装

图　　示	做　　法
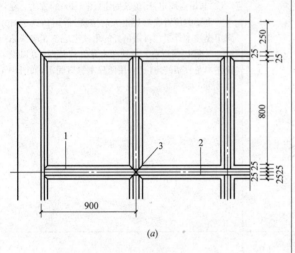 (a) 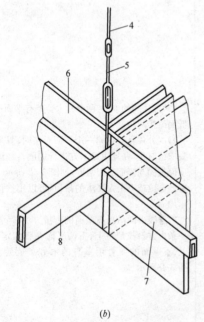 (b)	(1)吊杆固定:在混凝土天棚和钢筋混凝土梁底吊杆悬挂点的位置上,用冲击钻固定膨胀螺栓,然后将吊杆焊在螺栓上。也可用18号钢丝系在螺栓上,作为挂构件的吊点。 (2)吊装方法:开敞式吊顶安装方法有两种: 1)一种是将单体构件固定在可靠的骨架上,然后再将骨架用吊杆与结构相连。这种方法一般适用于构件本身刚度不够、稳定性较差的情况,如图 3-44 所示。就是将其用螺钉拧在用方钢管焊成的骨架上,骨架再用角钢与楼板连接

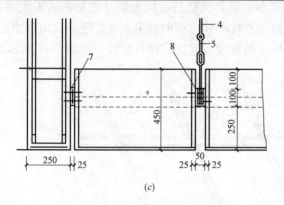

(c)

图 3-44　吊顶方盒子式单体构件

(a)吊顶平面图;(b)开敞式吊顶;

(c)吊顶截面图

1—20mm 厚夹板;2—六角形螺母及垫片;

3—100mm×50mm 方铁管龙骨;4—钢丝;

5—吊杆;6—20mm 厚柚木板;

7—50mm×25mm 方铁管;

8—100mm×50mm 方铁管

2)另一种方法是对于用轻质、高强材料制成的单体构件,不用骨架支持,而直接用吊杆与结构相连。在实际工程中,先将单体构件用卡具连成整体,再通过长的钢管与吊杆相连。如图 3-45 所示。

(3)吊装要点:

1)第一步从一个墙角开始,将分片吊顶托起,高度略高于标高线,并临时固定该分片吊顶架。

2)第二步用棉线或尼龙线沿标高线拉出交叉的吊顶平面基准线。

3)第三步根据基准线调平该吊顶分片。如果吊顶面积大于 100m² 时,可以使吊顶面有一定的起拱。对于构成吊顶来说起拱量一般在 2000：1.5 左右。

4)第四步将调平的吊顶分片进行固定。

5)第五步构成吊顶分片间相互连接时,首先将两个分片调平,使拼接处对齐,再用连接铁件进行固定。拼接的方式通常为直角拼接和顶边连接,如图 3-46 所示

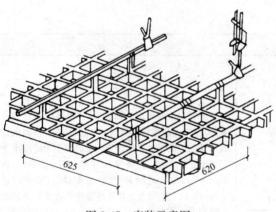

图 3-45　安装示意图

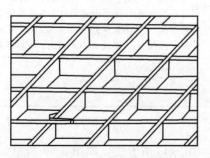

图 3-46　构成吊顶分片间的连接

59

2. 网格吊顶安装

在家庭装潢中，由于每间房屋的空间较小，层高也较低，故用敞开式吊顶的不太多，但从敞开式吊顶演变而成的网格式、葡萄架式及玻璃片吊顶的较多。如把敞开式吊顶中的木制方格子吊顶的厚度尺寸降到接近方格单片的宽度，就变成网格吊顶，如图3-47所示。

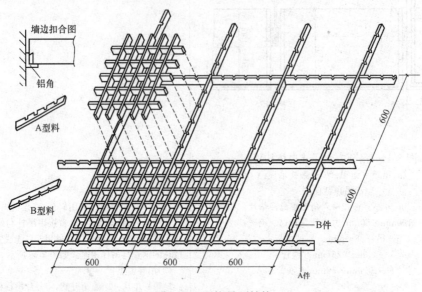

图3-47　网格吊顶结构

网格吊顶的安装方法，见下表。

图　　示	做　　法
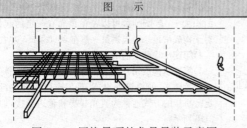 图3-48　网格吊顶的龙骨吊装示意图 **网格吊顶常用规格表**　表3-1 	网格规格 （mm）	短　料		长料 （mm）
	A型料（mm）	B型料（mm）	
80×80	560	560	1040
100×100	600	600	1000
125×125	625	625	1000
150×150	600	600	900
说明	其他规格可以定做				首先弹出主龙骨底的标高线，再找吊杆吊点的位置，再把吊顶的高度移植到墙体四周；然后按照敞开式吊顶的安装顺序安装即可。家庭装潢中跨距小于2500mm时，可以直接固定在墙体上；若跨距在2500～5000mm之间，只要适当布设吊筋；若超过5000mm以上应设主龙骨及吊筋等。具体安装如图3-48所示。它是墙体四周采用铝边角或轻钢边角，如图3-48所示的吊装方式。A型料、B型料如图组装成框，然后将组装好的网格天棚扣到龙骨上，并扣住吊筋弹簧片，上下调平即可。龙骨安装和网格本身浑然一体，不易察觉，外形非常美观。网格吊顶其格子的大小、规格及A、B料的长短列于表3-1

3. 石棉水泥板吊顶龙骨外露布置

双向设置次龙骨，板材放在龙骨的翼缘上，用开口销卡住，如图3-49所示。次龙骨全部外露，形成方格形的顶面。这种布置方式构造简单，施工方便，便于铺设保温材料。

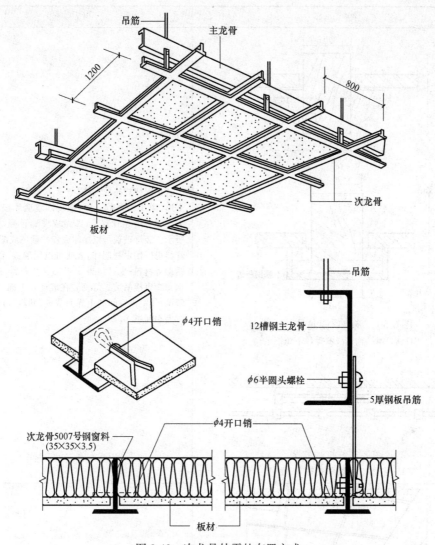

图 3-49　次龙骨外露的布置方式

4. 玻璃片吊顶安装

图　　示	做　　法
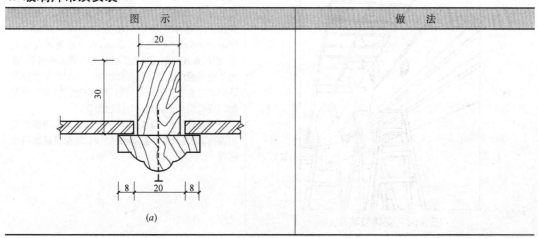 (a)	

图　示	做　法

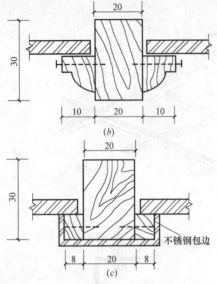

图 3-50　玻璃顶棚龙骨示意图
(a)、(b)木结构；(c)木骨包不锈钢结构

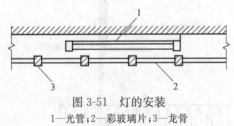

图 3-51　灯的安装
1—光管；2—彩玻璃片；3—龙骨

若把网格规格放大些,把 A、B 料下面外露面做成上形,像 T 型龙骨一样,把装饰玻璃片按规格尺寸大小裁好搭在骨翼上,即做成玻璃顶棚,如图 3-50 所示。装饰玻璃可以涂印成各种颜色或图案。A、B 骨料可以用木材制作,表面可以用油漆、铝合金、不锈钢等材料;也可购买 T 形铝合金龙骨,或 T 形轻钢龙骨直接吊装。灯安装在玻璃片上面,如图 3-51 所示,使室内空间的上界面空透、开敞,可产生一种扩大空间感

图 3-52　安装玻璃片

放置玻璃片时,应在装修所有工序完毕后进行。操作时,在框架下将玻璃轻轻斜面托进架格内,对位放下即可,如图 3-52 所示。更换或清扫时,也同样如此。玻璃片的尺寸一般为 500mm × 500mm × 5mm,600mm × 600mm × 5mm,也可按要求定裁大小,亦可做成圆形或椭圆形或长方形等多种图形,玻璃片组装后应成为一个完整图案。一般玻璃片按设计要求已在工厂里加工好的,现场只安装,所以顶棚的四周应用其他材料进行圈边吊顶。

由于玻璃易碎,为增加顶棚强度,故多采用钢化玻璃、有机玻璃或磨砂玻璃加钢丝网、压花玻璃加钢丝网等

5. 装饰玻璃镜吊顶安装施工

图　示	做　法
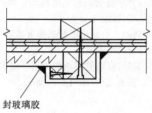 图 3-53　嵌压式固定玻璃的几种形式 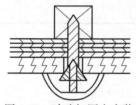 封玻璃胶 图 3-54　嵌压式无钉工艺	(1)嵌压式固定安装： 1)嵌压式安装常用的压条为木压条、铝合金压条和不锈钢压条。嵌压方式如图 3-53 所示。 2)顶面嵌压式固定前,需根据吊顶骨架的布置进行弹线,并根据骨架来安排压条的位置和数量。 3)木压条在固定时,最好用 20～25mm 的钉枪钉来固定,避免使用普通圆钉,以防止在钉压条时震破装饰玻璃镜。 4)铝压条和不锈钢压条可以用木螺钉固定在其凹部。如果采用无钉工艺,可以先用木衬条卡住玻璃镜,再使用环氧树脂胶(万能胶)将不锈钢压条粘卡在木衬条上,然后在不锈钢压条和玻璃镜之间的角位处封玻璃胶,如图 3-54 所示
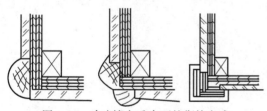 图 3-55　玻璃钉固定安装 图 3-56　玻璃镜在垂直面的衔接方式	(2)玻璃钉固定安装： 1)玻璃钉需固定在木骨架上,安装之前应按照木骨架的间隔尺寸在玻璃上打孔,孔径小于玻璃钉端头直径 3mm。每块玻璃板上需要钻出 4 个孔,孔位布置均匀,并且不能太靠近镜面的边缘,以防止开裂。 2)根据装饰玻璃镜面的尺寸和木骨架的尺寸,在顶面基面板上弹线,确定镜面的排列方式。 3)装饰玻璃镜的安装应该逐块进行。镜面就位以后,先用直径为 2mm 的钻头,通过玻璃镜上的孔位,在吊顶骨架上钻孔,然后再拧入玻璃钉。拧入玻璃钉之后,应对角拧紧,以玻璃不晃动为准,最后在玻璃钉上拧入装饰帽,如图 3-55 所示。 4)装饰玻璃镜在两个面垂直相交时的安装方法有角线托边和线条收边等几种,如图 3-56 所示

6. 镭射玻璃吊顶安装施工

图　示	做　法
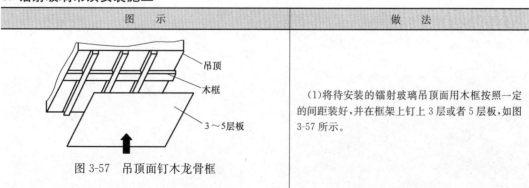 吊顶 木框 3～5层板 图 3-57　吊顶面钉木龙骨框	(1)将待安装的镭射玻璃吊顶面用木框按照一定的间距装好,并在框架上钉上 3 层或者 5 层板,如图 3-57 所示。

图　示	做　法
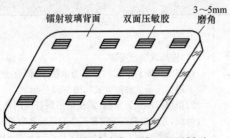 图 3-58　镭射玻璃背面贴双面压敏胶 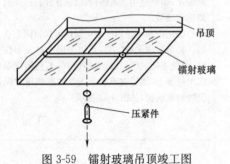 图 3-59　镭射玻璃吊顶竣工图	（2）按照规定尺寸画安装线。 （3）在安装之前，镭射玻璃四角应该磨去 3～5mm。并在待安装的镭射玻璃背面局部粘贴上双面压敏胶，如图 3-58 所示。 （4）将贴上双面压敏胶的镭射玻璃按照上述划定的尺寸安装线安装。 （5）最后，在镭射玻璃四角顶部用木螺钉、压紧件紧固。安装完毕，如图 3-59 所示

第4章 饰面镶贴、挂贴

4.1 陶瓷面砖的镶贴

1. 外墙陶瓷马赛克镶贴

图 示	做 法
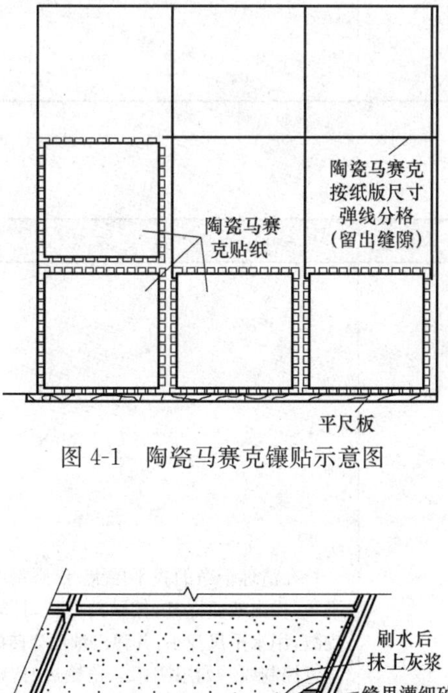 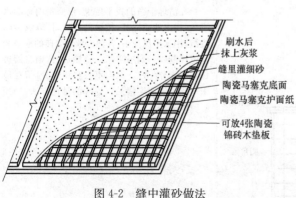 图 4-1 陶瓷马赛克镶贴示意图	粘贴时总体顺序为自上而下,各分段或分格内的陶瓷马赛克粘贴为自下而上,其操作方法为先将底灰浇水润湿,根据弹好的水平线稳定好平尺板(图 4-1),然后在底灰面上刷一道聚合物水泥浆(掺加水重 10％的界面剂),再抹 2～3mm 厚的混合灰黏结层(配合比为纸筋:石灰膏:水泥＝1:1:2,拌和时先把纸筋与石灰膏搅匀过 3mm 筛,再加入水泥搅拌均匀),也可采用1:0.3 水泥纸筋灰,用刮杠刮平,再用抹子抹平,将陶瓷马赛克底面朝上平铺在木托板上(图 4-2),在陶瓷马赛克缝里灌 1:2 干水泥细砂,用软毛刷子扫净表面浮砂,再薄薄刮上一层黏结灰浆(图 4-3),清理四周多余灰浆,两手提起陶瓷马赛克,下边放在已贴好的米厘条上,两侧与控制线相符后,粘贴到墙上,并用木拍板压平、压实

图 4-1 中标注:
陶瓷马赛克贴纸
陶瓷马赛克按纸版尺寸弹线分格(留出缝隙)
平尺板

图 4-2 中标注:
刷水后抹上灰浆
缝里灌细砂
陶瓷马赛克底面
陶瓷马赛克护面纸
可放4张陶瓷锦砖木垫板

图 4-2 缝中灌砂做法

图　示	做　法

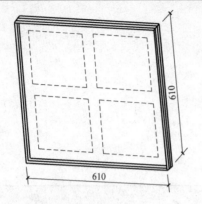

四边包0.5厚铁皮　　面层铺钉三合板

木垫板底盘架　　　50　20

图 4-3　木板垫（单位：mm）
（可放四张陶瓷马赛克）

另外，还可以在底灰润湿后，按线粘好米厘条，然后刷一道聚合物水泥浆，底灰表面不抹混合灰黏结层，而是将 2～3mm 厚的混合灰黏结层抹在陶瓷马赛克底面上（其他操作要求及灰浆配合比等同上）。在粘贴陶瓷马赛克时，必须按弹好的控制线施工，各条砖缝要对齐。贴完一组后，将米厘条放在本组陶瓷马赛克的上口，继续贴第二组。根据气温条件确定连续粘贴高度。

采用背网黏胶的成品陶瓷马赛克，可直接采用水泥进行正面粘接铺贴

2. 传统方法镶贴釉面砖

墙面镶贴的具体做法见下表。

图　示	做　法

瓷　粘　底　基
砖　砖　层　层
层　层　层

(a)

一面圆　　二面圆　　　　　压顶条

　　　　　　　　　　　　　　　　压顶阳角

　　　　　　　　　　　　　　　　阳角条

面圆

(b)

1）在清理干净的找平层上，依照室内标准水平线，找出地面标高，按贴砖面积，计算纵横的皮数，用水平尺找平，并弹出釉面瓷砖的水平和垂直控制线。如用阴阳三角镶边时，则将镶边位置预先分配好。纵向不足整块部分，留在最下一皮与地面连接处。瓷砖的排列方法，如图4-4所示

图　　示	做　　法

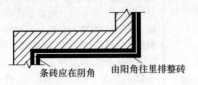

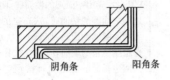

条砖应在阴角　　由阳角往里排整砖

阴角条　　阳角条

(c)

图 4-4　瓷砖的排列

(a)纵剖面;(b)平面;(c)横剖面

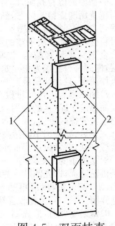

图 4-5　双面挂直

1—小面挂直靠平;2—大面挂直靠平

2)铺贴釉面砖时,应先贴若干块废釉面砖作为标志块,上下用托线板挂直,作为粘贴厚度的依据,横向每隔 1.5m 左右做一个标志块,用拉线或靠尺校正平整度。在门洞口或阳角处,如有阴三角镶边时,则应将尺寸留出先铺贴一侧的墙面,并用托线板校正靠直。如无镶边,应双面挂直,如图 4-5 所示

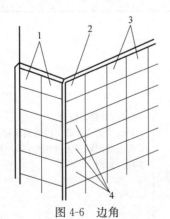

图 4-6　边角

1、3、4——面圆釉面砖;2—两面圆釉面砖

3)按地面水平线嵌上一根八字尺或直靠尺,用水平尺校正,作为第一行瓷砖水平方向的依据。镶贴时,瓷砖的下口坐在八字尺或直靠尺上,这样可防止釉面砖因自重而向下滑移,以确保其横平竖直。墙面与地面的相交处阴三角条镶贴时,需将阴三角条的位置留出后,方可放置八字靠尺或直靠尺。

4)镶贴釉面砖宜从阳角处开始,并由下往上进行。镶贴一般用 1∶2(体积比)水泥砂浆,为了改善砂浆的和易性,便于操作,可掺入不大于水泥用量 15% 的石灰膏,用铲刀在釉面砖背面刮满刀灰,厚度 5～6mm,最大不超过 8mm,砂浆用量以铺贴后刚好满浆为止,贴于墙面的釉面砖应用力按压,并用铲刀木柄轻轻敲击,使釉面砖紧密粘于墙面,再用靠尺按标志块将其校正平直。铺贴完整行的釉面砖后,再用长靠尺横向校正一次。对高于标志块的应轻轻敲击,使其平齐;若低于标志块(即亏灰)时,应取下釉

图　示	做　法
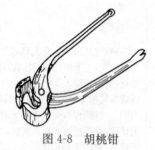 肥皂盒所占位置为单数瓷砖时应以下水口中心为瓷砖中心　　肥皂盒所占位置为双数瓷砖时应以下水口中心为瓷砖缝中 图 4-7　洗脸盆、镜箱和肥皂盒部分釉面砖排砖示意	面砖，重新抹满刀灰再铺贴，不得在砖口处塞灰，否则会产生空鼓。然后依次按上法往上铺贴，铺贴时应保持与相邻釉面砖的平整。如因釉面砖的规格尺寸或几何形状不等时，应在铺贴时随时调整，使缝隙宽窄一致。当贴到最上一行时，要求上口成一直线。上口如没有压条（镶边），应用一面圆的釉面砖，阴角的大面一侧也用一面圆的釉面砖，这一排的最上面一块应用两面圆的釉面砖，如图 4-6 所示。铺贴时，在有脸盆镜箱的墙面，应按脸盆下水管部位分中，往两边排砖。肥皂盒可按预定尺寸和砖数排砖，如图 4-7 所示

图　示	做　法
图 4-8　胡桃钳	5）制作非整砖块时，可根据所需要的尺寸划痕，用合金钢錾手工切割，折断后在磨石上磨边，也可采用台式无齿锯或电热切割器等切割。 6）如墙面留有孔洞，应将釉面砖按孔洞尺寸与位置用陶瓷铅笔画好，然后将瓷砖用切砖刀裁切，或用胡桃钳，如图 4-8 所示，钳去局部；亦可将瓷砖放在一块平整的硬物体上，用小锤和合金钢钻子轻轻敲凿，先将面层凿开，再凿内层，凿到符合要求为止。如使用打眼器打眼，则操作简便，且保证质量。 7）铺贴完后进行质量检查，用清水将釉面砖表面擦洗干净，接缝处用与釉面砖相同颜色的白水泥浆擦嵌密实，并将釉面砖表面擦净。全部完工后，要根据不同污染情况，用棉丝或用稀盐酸刷洗，并紧跟用清水冲净。 8）镶边条的铺贴顺序，一般先贴阴（阳）三角条再贴墙面，即先铺贴一侧墙面釉面砖，再铺贴阴（阳）三角条，然后再铺另一侧墙面釉面砖。这样阴（阳）三角条比较容易与墙面吻合。 9）镶贴墙面时，应先贴大面，后贴阴阳角、凹槽等费工多、难度大的部位

3. 内外墙瓷砖安装施工

图　示	做　法
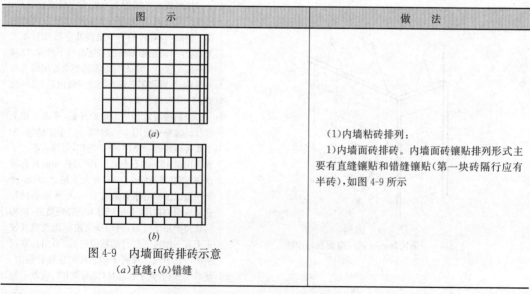 (a) (b) 图 4-9　内墙面砖排砖示意 (a)直缝；(b)错缝	（1）内墙粘砖排列： 1）内墙面砖排砖。内墙面砖镶贴排列形式主要有直缝镶贴和错缝镶贴（第一块砖隔行应有半砖），如图 4-9 所示

图　　示	做　　法

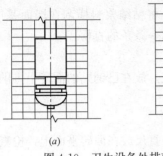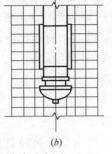

2)卫生设备处排砖。室内有卫生设备的墙面,应以设备下口中心线为准向两边对称排砖,如图 4-10 所示

图 4-10　卫生设备处排砖示意图

(*a*)设备占位处为单数面砖；

(*b*)设备占位处有偶数面砖

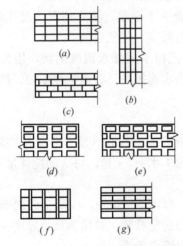

图 4-11　外墙粘贴面砖排砖示意图

(*a*)长边水平密缝；(*b*)长边竖直密缝；(*c*)密缝错缝；

(*d*)水平竖直疏缝；(*e*)疏缝错缝；

(*f*)水平密缝,竖直疏缝；(*g*)水平疏缝、竖直密缝

(2)外墙粘砖排列:

外墙面砖规格多为矩形。其排砖依砖缝的宽度分为密缝排列、疏缝排列两种。依砖的位置排砖有矩形长边水平排列和竖直排列两种,还可以采用密缝、疏缝按水平、竖直方向相互排列,如图 4-11 所示。

密缝排砖时,缝宽控制在 1～3mm。疏缝排砖时,缝宽通常大于 4mm,小于 20mm

外墙面的窗台、腰线、阳角及滴水线等部位排砖应是顶面砖压立面砖,顶面砖应做出一定坡度,一般 $i=3\%$。底面砖贴成鹰嘴,且立面砖往下突出 3mm,如图 4-12 所示

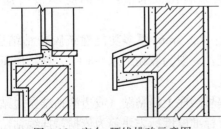

图 4-12　窗台、腰线排砖示意图

4. 采用胶粘剂 (SG8407) 镶贴釉面砖

(1) 调制粘结浆料。采用 32.5 级以上普通硅酸盐水泥加入 SG8407 胶液拌和至适宜

施工的稠度即可，不要加水。当粘结层厚度大于 3mm 时，应加砂子，水泥和砂子的比例为 1：1～1：2，砂子采用通过 $\phi2.5$mm 筛子的干净中砂。

（2）用单面有齿铁板的平口一面（或用钢板抹子），将粘结浆料横刮在墙面基层上，然后再用铁板有齿的一面在已抹上的粘结浆料上，直刮出一条条的直楞。

（3）铺贴第一皮瓷砖，随即用橡皮槌逐块轻轻敲实。

（4）将适当直径的尼龙绳（以不超过瓷砖的厚度为宜）放在已铺贴的面砖上方的灰缝位置（也可用工具式铺贴法）。

（5）紧靠在尼龙绳上，铺贴第二皮瓷砖。

（6）用直尺靠在面砖顶上，检查面砖上口水平，再将直尺放在面砖平面上，检查平面凹凸情况，如发现有不平整处，随即纠正。

（7）如此循环操作，尼龙绳逐皮向上盘，面砖自下而上逐皮铺贴，隔 1～2h，即可将尼龙绳拉出。

（8）每铺贴 2～3 皮瓷砖，用直尺或线坠检查垂直偏差，并随时纠正。

（9）铺贴完瓷砖墙面后，必须从整个墙面检查一下平整、垂直情况。发现缝子不直、宽窄不匀时，应进行调缝，并把调缝的瓷砖再进行敲实，避免空鼓。

（10）贴完瓷砖后 3～4d，可进行灌浆擦缝。把白水泥加水调成粥状，用长毛刷蘸白水泥浆在墙面缝子上刷，待水泥逐渐变稠时用布将水泥擦去。将缝子擦均匀，防止出现漏擦等现象。

5. 采用多功能建筑胶粉镶贴釉面砖

（1）瓷砖直接抹浆粘贴做法：将多功能建筑胶粉加水拌和（须充分搅拌均匀），稠度以不稠不稀、粉墙不流淌为准（一般配合比为胶粉：水＝3：1）。每次的搅拌量不宜过多，应随拌随用。

胶粉浆拌好后用铲刀将之均匀涂于瓷砖背面，厚度 2～3mm，四周刮成斜面。瓷砖上墙就位后，用力按压，再用橡皮槌轻轻敲击，使与底层贴紧，并用靠尺与厚度标志块及邻砖找平。如此一块块顺序上墙粘贴，直至全部墙面镶完为止。

镶贴时，必须严格以水平控制线、垂直控制线及标准厚度标志块为依据，挂线镶贴。粘贴中应边贴边与邻砖找平调直，砖缝如有歪斜及宽窄不一致处，须在胶粉浆初凝前加以调整。务必做到符合设计要求。并保证全部瓷砖墙面的偏差均不超过 2mm。全部整块瓷砖镶贴完毕、胶粉浆凝固以后，将底层靠墙托板取下，然后将非整块瓷砖补上贴牢。

（2）粘结层做法：底灰找平层干后，上涂 2～3mm 厚多功能建筑胶粉粘结层一道，至少两遍成活。胶粉浆稠度以粉后不流淌为准，一般为胶粉：水＝3：1。粘结层每次的涂刷面积不宜过大，以在初凝前瓷砖能贴完为度。

胶粉浆粘结层涂后应立即将瓷砖按试排编号顺序上墙粘贴（或边涂粘结层边贴瓷砖）。粘贴时必须严格以水平控制线、垂直控制线及标准厚度标志块等为依据，挂线粘贴。粘贴中应边贴边与邻边找平调直，砖缝如有歪斜及宽窄不一致处，须在粘结层初凝以前加以调整。务必做到符合设计要求，并保证全部瓷砖墙面的偏差均不大于 2mm。

全部整块瓷砖镶贴完毕、胶粉浆凝固以后，将底层靠墙托板取下，然后将非整块瓷砖补上贴牢。

4.2 大理石饰面板安装

1. 一般安装法

图　示	做　法
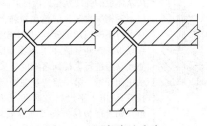 图 4-13　膨胀螺栓固定预埋铁	（1）绑扎钢筋网：按施工大样图要求的横竖距离，焊接或绑扎安装用的钢筋骨架。方法是按找规矩的线，在水平与垂直范围内根据立面要求画出水平方向及竖直方向的饰面板分块尺寸，并核对一下墙或柱预留的洞、槽的位置。剔凿出墙面或柱面结构施工时预埋钢筋或贴模筋，使其外露于墙、柱面，连接绑扎 φ8mm 的竖向钢筋（竖向钢筋的间距，如设计无规定，可按饰面板宽度距离设置），随后绑扎横向钢筋，其间距要比饰面板竖向尺寸低 2～3cm 为宜。 　　如基体未预埋钢筋，可使用电锤钻孔，孔径为 25mm，孔深 90mm，用 M16 膨胀螺栓固定预埋铁（图 4-13），然后再按前述方法进行绑扎或焊竖筋和横筋
图 4-14　阳角磨边卡角	（2）预排：一般先按图挑出品种、规格、颜色一致的材料，按设计尺寸，在地上进行试拼、校正尺寸及四角套方，使其合乎要求。凡阳角处相邻两块板应磨边卡角（图 4-14）。 　　为了使大理石安装时能上下左右颜色花纹一致，纹理通顺，接缝严密吻合，因此安装前必须按大样图预拼排号。 　　预拼好的大理石应编号，编号一般由下向上编排，然后分类竖向堆好备用。对于有裂缝暗痕等缺陷以及经修补过的大理石，应用在阴角或靠近地面不显眼部位
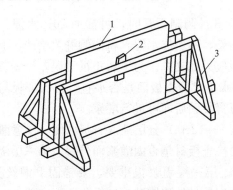 图 4-15　木架 1—饰面板；2—木头木楔；3—木架	（3）钻孔、剔凿及固定不锈钢丝：按排号顺序将石板侧面钻孔打眼。操作时应钉木架（图 4-15）。直孔的打法是用手电钻头直对板材上端面钻孔两个，孔位距板材两端四分之一处，孔径为 5mm，深 15mm，孔位距板背面约 8mm 为宜。如板的宽度较大（板宽大于 60cm），中间应再增钻一孔。钻孔后用合金钢錾子朝石板背面的孔壁轻打剔凿，剔出深 4mm 的槽，以便固定不锈钢丝或铜丝，如图 4-16(a)所示。然后将石板下端翻转过来，同样方法再钻孔两个（或三个）并剔凿 4mm 槽，这叫打直孔。 　　板孔钻好后，把备好的 16 号不锈钢丝或铜丝剪成 20cm 长，一端深入孔后顺孔槽埋卧，并用铅皮将不锈钢丝或铜丝塞牢，另一端侧伸出板外备用

图 示	做 法

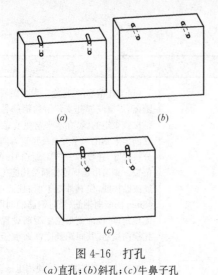

图 4-16　打孔
(a)直孔；(b)斜孔；(c)牛鼻子孔

另一种打孔法是钻斜孔，孔眼与板面成 35°〔图 4-16(b)〕，钻孔时调整木架木楔，使石板成 35°，便于手钻操作。斜孔也要在石板上下端面靠背面的孔壁轻打剔凿，剔出深 4mm 的槽，孔内穿入不锈钢丝或铜丝，并从孔两头伸出，压入板端槽内备用。

还有一种钻成牛鼻子孔，方法是将石板直立于木架上，使手电钻直对板上端钻孔两个，孔眼居中，深度 15mm 左右，然后将石板平放，背面朝上，垂直于直孔打眼与直孔贯通鼻子孔〔图 4-16(c)〕。牛鼻子孔适合于碹脸饰面安装用

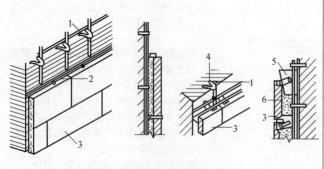

图 4-17　大理石安装固定示意图
1—钢筋；2—钻孔；3—石板；
4—预埋筋；5—木楔；6—灌浆

（4）安装检查钢筋骨架，若无松动现象，在基体上刷一遍稀水泥浆，接着按编号将大理石板擦净并理直不锈钢丝或铜丝，手提石板按基体上的弹线就位。板材上口外仰。把下口不锈钢丝或铜丝绑扎在横筋上，再绑扎板材上口不锈钢丝或铜丝，用木楔垫稳。并用靠尺板检查调整后，再系紧不锈钢丝或铜丝。如此顺序进行。柱面可顺时针安装，一般先从正面开始。第一层安装完毕，要用靠尺板找垂直，用水平尺找平整，用方尺找好阴阳角。如发现板材规格不准确或板材间隙不匀，应用铅皮加垫，使板间缝隙均匀一致，以保持每一层板材上口平直，为上一层板材安装打下基础(图 4-17)

（5）临时固定板材安装后，用纸或熟石膏（调制石膏时，可掺加 20％水泥，以增加强度，防止石膏裂缝。但白色大理石容易污染，不要掺水泥）将两侧缝隙堵严，上、下口临时固定，较大的块材以及门窗碹脸饰面板应另加支撑。为了矫正视觉误差，安装门窗碹脸时应按 1％起拱。然后，及时用靠尺板，水平尺检查板面是否平直，以保证板与板的交接处四角平直。发现问题，立即校正，待石膏硬固后即可进行灌浆。

（6）灌浆用 1：2.5～3 水泥砂浆（稠度 8～12cm）分层灌入石板内侧。注意灌注时不要碰动板材，也不要只从一处灌注，同时要检查板材是否因灌浆而外移。第一层浇灌高度为 15cm，即不得超过板材高度的三分之一。第一层灌浆很重要，要锚固下铜丝及板材，所以应轻轻操作，防止碰撞和猛灌。一旦发生板材外移错动，应拆除重新安装。

待第一层稍停 1～2h，检查板材无移动后，再进行第二层灌浆，高度为 10cm 左右，即板材的 1/2 高度。

第三层灌浆灌到低于板材上口 5cm 处，余量作为上层板材灌浆的接缝。如板材高度

为50cm，每一层灌浆为15cm，留下5～10cm余量作为上层石板灌浆的接缝。

（7）清理第三次灌浆完毕，砂浆初凝后可清理石板上口余浆，并用棉丝擦干净。隔天再清理板材上口木楔和有碍安装上层板材的石膏。清理干净后，可用上述程序安装另一层石板，周而复始，依次进行安装。

墙面、柱面、门窗套等饰面板安装与地面块材铺设的关系，一般采取先作立面后作地面的方法，这种方法要求地面分块尺寸准确，边部块材须切割整齐。亦可采用先作地面后作立面的方法，这样可以解决边部块材不齐的问题，但地面应加以保护，防止损坏。

（8）嵌缝全部安装完毕、清除所有的石膏及余浆残迹，然后用石板颜色相同的色浆嵌缝，边嵌边擦干净，使缝隙密实，颜色一致。

（9）抛光磨光的大理石，表面在工厂已经进行抛光打蜡，但由于施工过程中的污染，表面失去部分光泽。所以，安装完后要进行擦拭与抛光、打蜡，并采取临时措施保护棱角。

2. 楔固安装法

大理石一般安装法，工序多，操作较为复杂，往往由于操作不当，造成粘结不牢、表面接槎不平整等通病，且采用钢筋网连接，增加工程造价。楔固安装法的施工准备、板材预拼排号、对花纹的处理方法与前述方法相同；主要不同是楔固法是将固定板块的钢丝直接楔接在墙体或柱体上。下面就其不同工序分述如下。

图　示	做　法
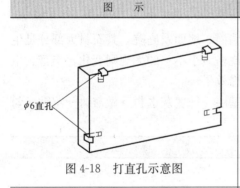 图 4-18　打直孔示意图	（1）基体处理：清理砖墙或混凝土基体并用水湿润，抹上 1：1 水泥砂浆（要求中砂或粗砂）。大理石饰面板背面要用清水刷洗干净。 （2）石板钻孔：将大理石饰面板直立固定于木架上，用手电钻距板两端 1/4 处在板厚中心打直孔，孔径 6mm，深 35～40mm，板宽小于或等于 500mm 打直孔三个，大于 800mm 的打直孔四个。然后将板旋转 90°固定于木架上，在板两侧分别各打直孔一个，孔位居于板下端往上 100mm 处，孔径 6mm，孔深 35～40mm，上下直孔都用合金錾子向板背面方向剔槽，槽深 7mm，以便安卧 U 形钉，如图 4-18 所示
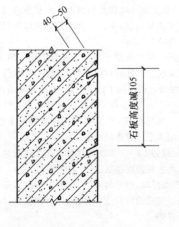 图 4-19　基体钻斜孔	（3）基体钻孔：石板钻孔后，按基体放线分块位置临时就位，对应于石板上下直孔位置，在基体上用冲击钻钻出与板材相等的斜孔，斜孔与基体夹角为 45°。孔径 6mm，孔深 40～50mm，如图 4-19 所示

图 示	做 法
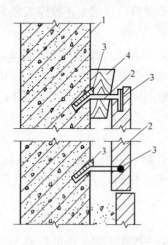 图 4-20 石板就位、固定示意图 1—基体；2—U形钉； 3—硬木小楔；4—大头木楔	（4）板材安装和固定基体：钻完斜孔后，将大理石板安放就位，根据板材与基体相距的孔距，用钢丝钳子现制直径为 5mm 的不锈钢 U 形钉，一端勾进大理石板直孔内，并随即用硬木小楔楔紧；另一端则勾进基体斜孔内，再拉小线或用靠尺板及水平尺校正板上下口及板面垂直和平整度，以及相邻板材接合是否严密，随后将基体斜孔内不锈钢 U 形钉楔紧。用大头木楔紧固于石板与基体之间（图 4-20）

3. 镶贴碎拼大理石

碎拼大理石可用于外廊和有天然格调的室内外墙面、地面及庭院。其石材大部分是生产规格石材中经磨光后裁下的边角余料，其彩色及规格大小不一的无规则变化，丰富、生动，别具一格，既可节约材料，又可取得良好的装饰效果。

镶贴工艺一般都采用粘接法，操作程序为清理基层→抹底灰选料→做灰饼→镶贴→勾缝表面清洁。

图 示	做 法
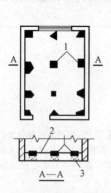 图 4-21 大理石块地面灰饼 1—大理石块；2—四周水平标高线； 3—粘接	（1）做灰饼：镶贴前，对在墙面铺贴应拉线找方、找直，对地面上铺贴应弹好板面上皮水平标高线。用大理石块做灰饼（图 4-21），灰饼间距应以靠尺能搭放上面为宜（<2m）。 （2）铺贴：在六七层干的抹灰基层上浇水湿润，刮素水泥浆一道。然后在湿润的大理石块背面上将 1∶3 水泥砂浆用小抹子抹上灰浆，边角刮斜面，厚度约为 10~15mm，随着块体形状保持要求灰缝紧密原则贴于基层上，压实，用抹把或橡皮锤敲实敲平，并随时用水平尺或靠尺找平。 （3）勾缝：用 1∶2 水泥砂浆加入与大理石色彩相协调的颜色料做成色浆，进行勾缝压平。 （4）表面处理：铺贴时要注意面层的光洁，随时进行清理。勾缝的同时或整体结束，必须做到及时擦洗进行养护

4.3 饰面板的安装

1. 玻璃镜面安装施工

图　　示	做　　法
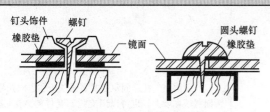 图 4-22　螺钉固定镜面节点 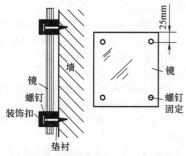 图 4-23　镜面固定(螺钉)示意图	(1)镜面固定： 1)螺钉固定。开口螺钉固定方式,适用于约 1m² 以下的小镜。墙面为混凝土基底时,预先插入木砖、埋入锚塞,或是在木砖、锚塞上再设置木墙筋,再用 φ3~φ5 平头或圆头螺钉,透过玻璃上的钻孔钉在墙筋上,对玻璃起固定作用,如图 4-22、图 4-23 所示。 ① 安装从下向上,由左至右进行。 ② 将钻好孔的镜面放到安装部位,在孔中穿入螺钉,套上橡皮垫圈,用螺钉刀将螺钉逐个拧入木筋,依次安装完毕。 ③ 全部镜面固定后,用长靠尺靠平,再将稍高出其他镜面的部位再拧紧,以全部调平为准。 ④ 将镜面之间的缝隙用玻璃胶嵌缝,用打胶筒将玻璃胶压入缝中,要求密实、饱满、均匀,且不得污染镜面
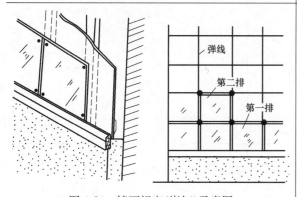 图 4-24　镜面规定(嵌钉)示意图	2)嵌钉固定。嵌钉固定是把嵌钉钉在墙筋上,将镜面玻璃的四个角压紧的固定方法,如图 4-24 所示。 ① 在平整的木衬板上先铺一层油毡,油毡两端用木压条临时固定。 ② 在油毡表面按照镜面玻璃分块弹线。 ③ 安装的时候从下往上进行。安装第一排时,嵌钉要临时固定,装好第二排之后再拧紧
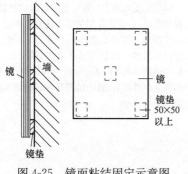 图 4-25　镜面粘结固定示意图	3)粘结固定。粘结固定是将镜面玻璃用环氧树脂、玻璃胶粘结于木衬板(镜垫)上的固定方法,适用于 1m² 以下的镜面,如图 4-25 所示。 ① 首先检查木衬板的平整度和固定牢靠程度。在确认十分干燥和平滑的基底上,也可同时采用镜面胶粘剂和镜面垫块(镜面积的 20% 以上)加压粘贴,如图 4-25 所示。 ② 清除木衬板表面污物和浮灰。 ③ 在木衬板上按镜面尺寸分块弹线。 ④ 刷胶粘结玻璃。环氧树脂胶应涂刷均匀,每次刷胶面积不宜过大,随刷随粘贴,并及时把从镜面缝中挤出的胶浆擦净

图 示	做 法

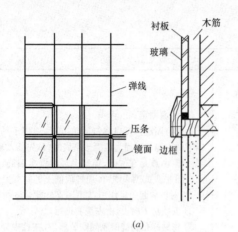

(a)

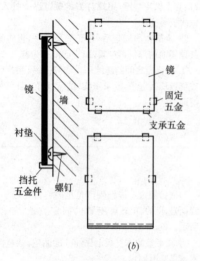

(b)

图 4-26　镜面固定(托压)示意图

4)托压固定。托压固定主要靠压条压和边框托将镜面托压在墙上。也可以用支托五金件的方法,适用约 2m² 的镜面(图 4-26)。

① 在平整的木衬板上先铺一层油毡,油毡两端用木压条临时固定。

② 在油毡表面按照镜面玻璃分块弹线。

③ 压条固定从下向上进行,用压条压住两镜面间的接缝处,先用竖向压条固定最下层镜面,安放一层镜面以后再固定横向压条。

④ 压条为木材时,一般为 30mm 宽,长同镜面,表面可以作出装饰线,在嵌条上每 200mm 钉一颗钉子,钉头应压入压条中 0.5~1.0mm,用腻子找平后刷漆。

⑤ 安装完毕后,用平绒布拭揩镜面,保持洁亮

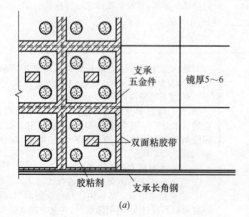

(a)

5)粘结支托固定。对于连续砌墙式拼装和顶棚镜面粘结时,也应该使用粘结支托五金件的方式,如图 4-27 所示。在确认基底的平滑度、强度、干燥程度符合要求的基础上,装上五金件,基层上涂镜面胶粘剂和镜面垫块(木材或橡胶块),把镜子压紧。在调整好五金件以后,缝中填密封材。砌墙式施工时,通常从下面开始

图　示	做　法
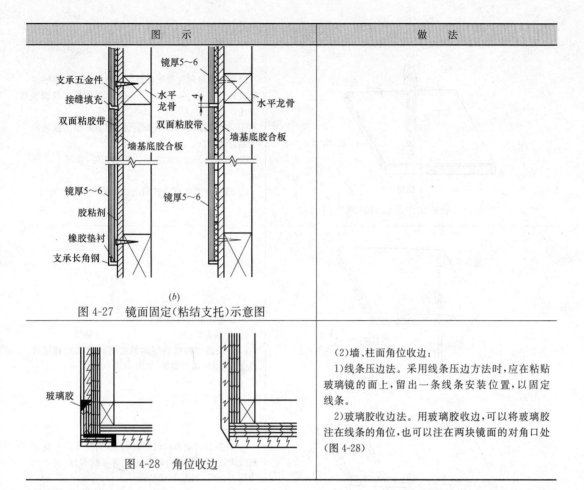 (b) 图 4-27　镜面固定(粘结支托)示意图	
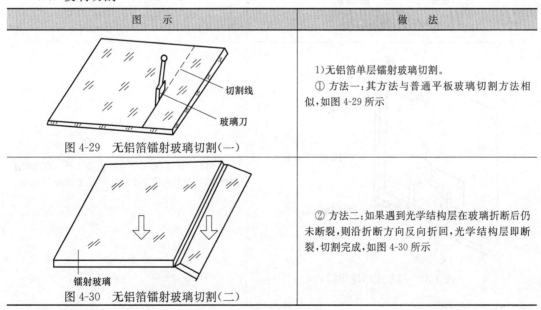 图 4-28　角位收边	(2)墙、柱面角位收边： 1)线条压边法。采用线条压边方法时,应在粘贴玻璃镜的面上,留出一条线条安装位置,以固定线条。 2)玻璃胶收边法。用玻璃胶收边,可以将玻璃胶注在线条的角位,也可以注在两块镜面的对角口处(图 4-28)

2. 镭射玻璃墙柱贴面安装施工

（1）玻璃切割

图　示	做　法
图 4-29　无铝箔镭射玻璃切割(一)	1)无铝箔单层镭射玻璃切割。 ① 方法一:其方法与普通平板玻璃切割方法相似,如图 4-29 所示
图 4-30　无铝箔镭射玻璃切割(二)	② 方法二:如果遇到光学结构层在玻璃折断后仍未断裂,则沿折断方向反向折回,光学结构层即断裂,切割完成,如图 4-30 所示

图　　示	做　　法
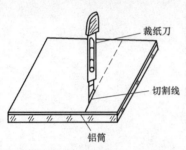 图 4-31　有铝箔单层镭射玻璃切割	2)有铝箔单层镭射玻璃切割。有铝箔即在单层镭射玻璃背面复合一层 0.5~1.0mm 的铝箔。其切割方法： ① 在待切割的镭射玻璃背面，按照需要的规格尺寸划好切割线。 ② 用裁纸刀沿切割线将铝箔层切透，如图 4-31 所示。 ③ 最后在沿切割线玻璃正面用玻璃刀切割即可
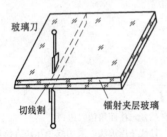 图 4-32　两面对称切割 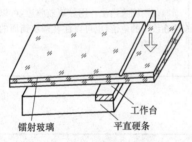 图 4-33　加压切断	3)普通夹层镭射玻璃切割。 ① 切割方法一： a. 在所需切割的夹层镭射玻璃的两面对称尺寸位置处，用玻璃刀切割，如图 4-32 所示。 b. 将夹层镭射玻璃的后面朝上，而在下面一侧切割线附近放一条平直硬条压住要切割部分，向下用力即可分开，如图 4-33 所示
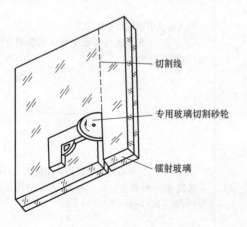 图 4-34　用专用砂轮切割	② 切割方法二：如果切割较长(>1.0m)直线的镭射玻璃时，最好采用专业砂轮切割，如图 4-34 所示

（2）高层（≥10m）户外镭射玻璃安装

图　示	做　法
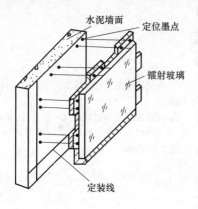 图 4-35　用墨点定钻孔位	1)安装方法一 ① 将待安装的镭射玻璃的墙面用强度等级高的水泥砂浆(1∶1)抹平。 ② 按镭射玻璃的安装尺寸打好水平线，并定位，用墨点标注冲击钻钻孔点，如图 4-35 所示。 ③ 根据墨点钻孔，整板孔钻好以后，并在孔内注入浆状水泥。
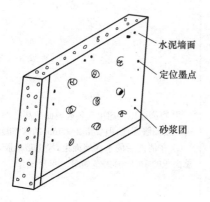 图 4-36　安装面上糊砂浆团	④ 镭射玻璃上墙前，在安装面上糊砂浆团，其面积占整个玻璃面积的 20%～30%，如图 4-36 所示。
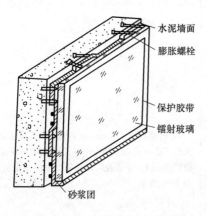 图 4-37　玻璃边缘四周贴保护胶带	⑤ 上紧膨胀螺栓，并将镭射铝板玻璃安装好，在玻璃块边缘四周贴上 20mm 宽的保护胶带，如图 4-37所示。 ⑥ 在镭射玻璃块接缝处打上玻璃胶，待固化以后，揭去玻璃表面四周边缘的保护胶带，安装完毕

图 示	做 法

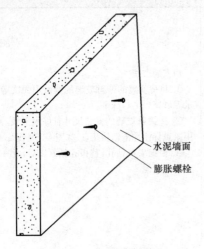

图 4-38 安膨胀螺栓

2)安装方法二

① 先把墙面用强度等级高的水泥砂浆抹平,清洗干净。

② 按要安装的镭射玻璃尺寸放好线,横向用钻钻孔,并安 M6 标准膨胀螺栓,其间隔为 250mm 左右,如图 4-38 所示。

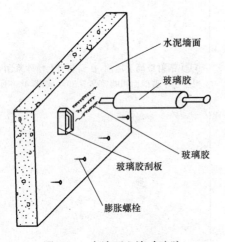

图 4-39 在墙面上涂玻璃胶

③ 将膨胀螺栓超出安装玻璃面的高度锯去,竖向可不安膨胀螺栓,但要留 2~5mm 的收缩间隙。

④ 在清洗后的水泥墙面上,涂上玻璃胶,占玻璃总面积的 10%~20%,如图 4-39 所示。

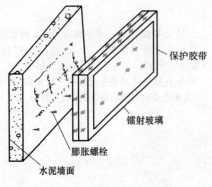

图 4-40 贴夹层镭射玻璃

⑤ 玻璃胶涂后 5min 之内,速将夹层镭射玻璃下部放在膨胀螺栓上面,并将镭射玻璃贴在涂有玻璃胶的墙面上,玻璃表面四周贴 20mm 的保护胶带,如图 4-40 所示。

图　示	做　法
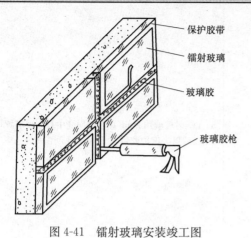 保护胶带 镭射玻璃 玻璃胶 玻璃胶枪 图 4-41　镭射玻璃安装竣工图	⑥ 经过 8h 左右,便可以开始对镭射玻璃块的边缝打玻璃胶。必须要注意的是一定要在玻璃与玻璃之间留有 10mm 以内的收缩间隙,揭去保护胶带(图 4-41),安装完毕

（3）低层（<10m）户外镭射玻璃安装

图　示	做　法
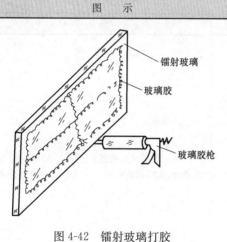 镭射玻璃 玻璃胶 玻璃胶枪 图 4-42　镭射玻璃打胶	1)先把墙面用强度等级高的水泥砂浆(1∶1)抹平,清洗干净。 2)将要安装玻璃的尺寸打好水平线,定好位置。 3)在镭射玻璃背面离边沿 20mm 的四周以及中间打上玻璃胶,打胶面占玻璃总面积的 10%～15%,如图 4-42 所示。
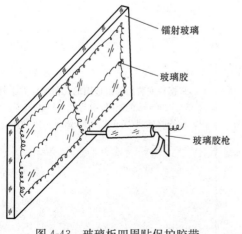 镭射玻璃 玻璃胶 玻璃胶枪 图 4-43　玻璃板四周贴保护胶带	4)将镭射玻璃贴在所设计的位置上,并在玻璃表面四周边沿贴上 20mm 宽的保护胶带,如图 4-43 所示。

图　示	做　法
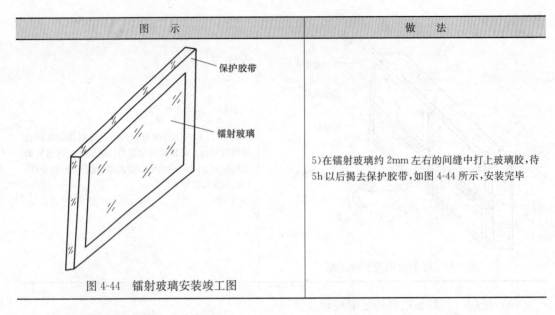 图 4-44　镭射玻璃安装竣工图	5)在镭射玻璃约 2mm 左右的间缝中打上玻璃胶,待 5h 以后揭去保护胶带,如图 4-44 所示,安装完毕

（4）室内单层镭射玻璃安装

图　示	做　法
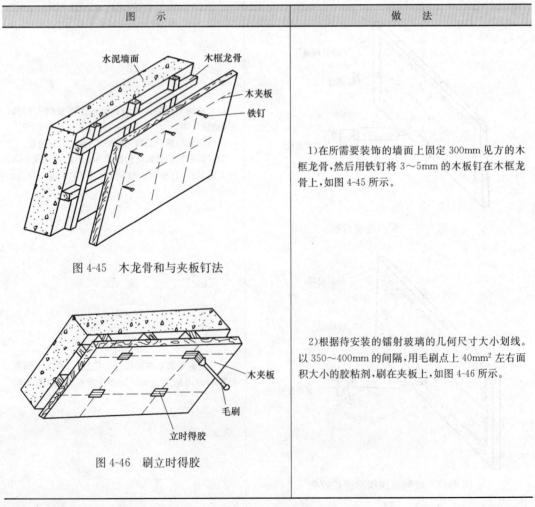图 4-45　木龙骨和与夹板钉法	1)在所需要装饰的墙面上固定 300mm 见方的木框龙骨,然后用铁钉将 3～5mm 的木板钉在木框龙骨上,如图 4-45 所示。
图 4-46　刷立时得胶	2)根据待安装的镭射玻璃的几何尺寸大小划线。以 350～400mm 的间隔,用毛刷点上 40mm^2 左右面积大小的胶粘剂,刷在夹板上,如图 4-46 所示。

图　示	做　法
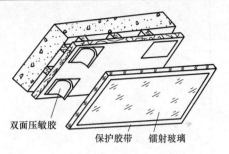 图 4-47　贴双面压敏胶和保护胶带	3)待胶粘剂涂上半湿干(约5min左右)时,在此位置上贴30mm×40mm左右面积的双面压敏胶。 4)撕开双面压敏胶表面层,就可以安上镭射玻璃,并在镭射玻璃块表面四周边沿贴上20mm宽保护胶带,如图4-47所示。
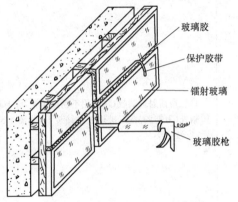 图 4-48　镭射玻璃安装竣工图	5)在安装好的镭射玻璃2mm左右的间隙中,打上玻璃胶,并揭去镭射玻璃四周的保护胶带(图4-48),安装完毕

（5）矩形装饰柱安装

图　示	做　法
水泥柱　龙骨木框　木夹板 图 4-49　钉木龙骨和固定夹板	1)先将一定尺寸的柱子按照设计大小钉上龙骨木框。然后把夹板固定在龙骨木框上,如图4-49所示。或用强度等级高的水泥砂浆(1∶1)抹平柱面,如图4-50所示。 2)在装饰包好的木板上或者水泥面上打好墨线。 3)在镭射玻璃背面边沿四周20mm左右处以及中间位置上打玻璃胶,贴在装饰夹板上,或者水泥平整面上

图　示	做　法

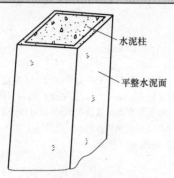

图 4-50　用水泥砂浆抹平柱面

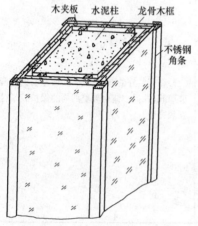

图 4-51　镭射玻璃包柱竣工图

4)柱角镭射玻璃收口处,用不锈钢角条,涂上环氧树脂胶(万能胶)或者玻璃胶粘结装上,如图 4-51 所示,安装完毕

3. 石材墙面施工

(1) 湿法作业石材墙面构造做法

图　示	做　法

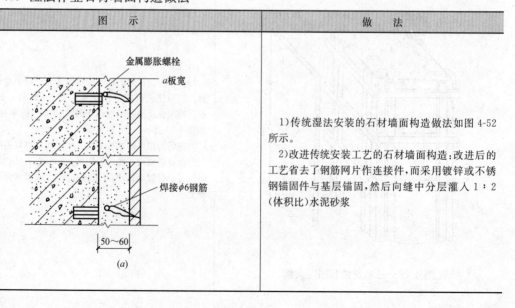

(a)

1)传统湿法安装的石材墙面构造做法如图 4-52 所示。

2)改进传统安装工艺的石材墙面构造:改进后的工艺省去了钢筋网片作连接件,而采用镀锌或不锈钢锚固件与基层锚固,然后向缝中分层灌入 1:2(体积比)水泥砂浆

图　示	做　法

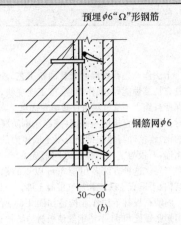

图 4-52　传统湿法安装石材墙面构造

(a)主体结构上用膨胀螺栓固定水平钢筋；
(b)主体结构上预埋钢筋固定钢筋网片

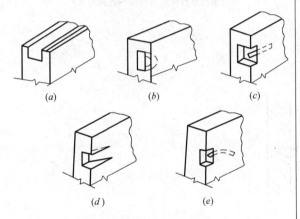

图 4-53　花岗石板开口形状示意

(a)扁条形；(b)片状形；
(c)销钉形；(d)角钢形；(e)金属丝开口

常用的锚固件有线形、圆杆形、扁形，故板材做锚固开口形状也应与之配合。锚固件的形状如图 4-53 所示，安装示意如图 4-54 所示

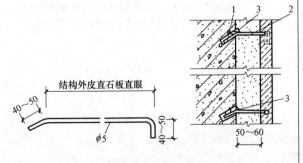

图 4-54　锚固件形状及安装构造示意

1—主体结构上钻 45°斜孔；

2—"凵"形不锈钢钉；

3—硬小木楔(防腐)

（2）干法作业石材墙面构造做法

图　　示	做　　法

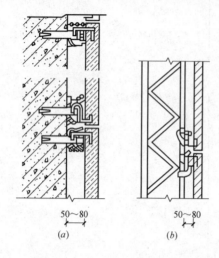

50～80　　　　50～80

(a)　　　　　　*(b)*

图 4-55　室内石材墙面干法作业构造示意
*(a)*膨胀螺栓、不锈钢丝连接；*(b)*不锈钢丝连接

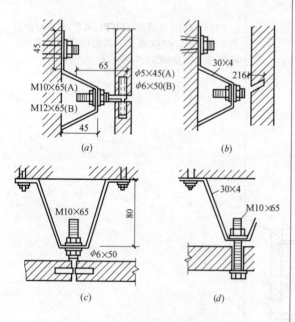

(a)　　　　　　*(b)*

(c)　　　　　　*(d)*

图 4-56　外墙干挂花岗石连接示意
(a)—销孔式连接件 A、B 型，用于平面墙及非伸缩缝处；
(b)—挂钩式连接件 C 型，用于弧形墙面及伸缩缝处；
(c)（*d*)—悬挂式锚固件 D、G 型，用于檐口下悬吊处

　　干法作业是石材墙面安装的新工艺，较湿法作业
具有抗震性能好，操作简单，施工速度快，质量易于
保证且施工不受气候条件影响等优点。它是在石板
材上打孔后直接用不锈钢（或经涂刷防腐防锈涂料
的钢）连接件与埋在钢筋混凝土墙体内的膨胀螺栓
相连，石板与主体结构面之间形成 80～90cm 宽的
空气层。这种方法多用于 30m 以下的钢筋混凝土
结构，不适宜于砖墙和加气混凝土墙。
　　内墙石板材干法作业构造如图 4-55 所示。它先
用膨胀螺栓和 $\phi4$ 不锈钢丝使板材与结构连接起来，
最后用带麻丝的快干水泥或石膏胶粘剂裹缠在螺栓
和钢丝周围，使连接点钢化。
　　外墙花岗板安装干法作业则是用膨胀螺栓和特制
不锈钢连接件使板材与结构连接起来。

　　如图 4-56A、B、C、D、G 型所示，为中国国际贸易
中心裙房、国贸大厦等外墙干挂花岗石连接构造

图　　示	做　　法
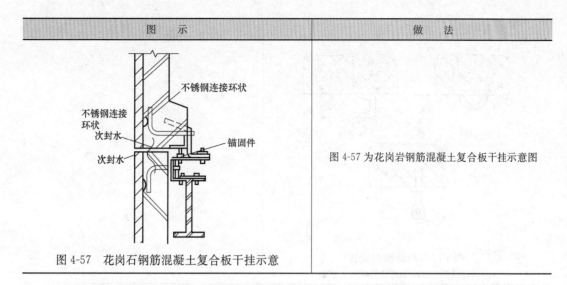 图 4-57　花岗石钢筋混凝土复合板干挂示意	图 4-57 为花岗岩钢筋混凝土复合板干挂示意图

（3）细部构造做法

图　　示	做　　法
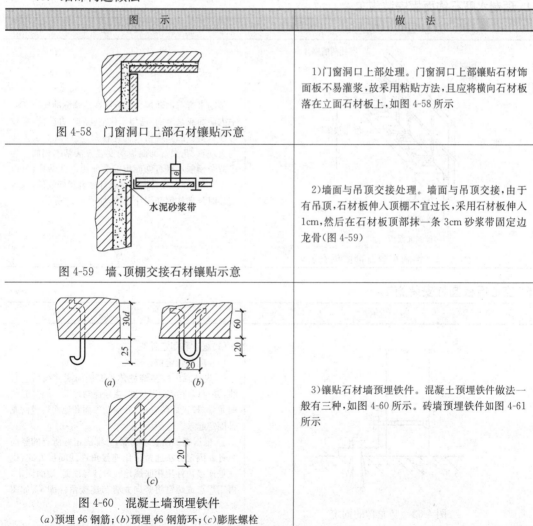 图 4-58　门窗洞口上部石材镶贴示意	1)门窗洞口上部处理。门窗洞口上部镶贴石材饰面板不易灌浆,故采用粘贴方法,且应将横向石材板落在立面石材板上,如图 4-58 所示
图 4-59　墙、顶棚交接石材镶贴示意	2)墙面与吊顶交接处理。墙面与吊顶交接,由于有吊顶,石材板伸入顶棚不宜过长,采用石材板伸入 1cm,然后在石材板顶部抹一条 3cm 砂浆带固定边龙骨(图 4-59)
图 4-60　混凝土墙预埋铁件 （a）预埋 $\phi6$ 钢筋；（b）预埋 $\phi6$ 钢筋环；（c）膨胀螺栓	3)镶贴石材墙预埋铁件。混凝土预埋铁件做法一般有三种,如图 4-60 所示。砖墙预埋铁件如图 4-61 所示

图　示	做　法

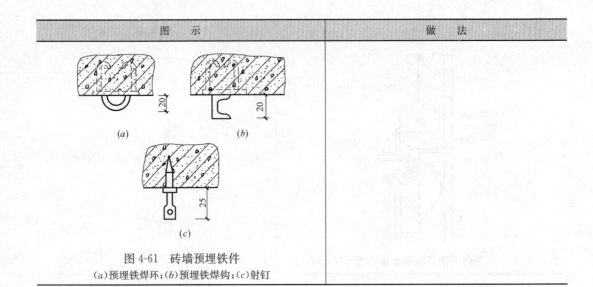

图 4-61　砖墙预埋铁件

(a)预埋铁焊环;(b)预埋铁焊钩;(c)射钉

4. 预制水磨石饰面板安装施工

图　示	做　法

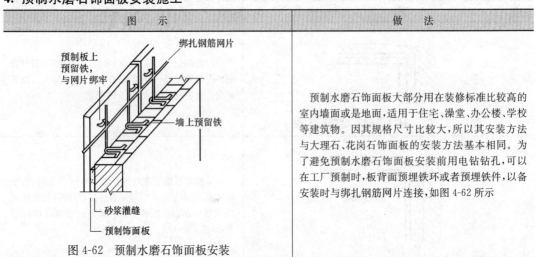

绑扎钢筋网片

预制板上
预留铁,
与网片绑牢

墙上预留铁

砂浆灌缝

预制饰面板

图 4-62　预制水磨石饰面板安装

　　预制水磨石饰面板大部分用在装修标准比较高的室内墙面或是地面,适用于住宅、澡堂、办公楼、学校等建筑物。因其规格尺寸比较大,所以其安装方法与大理石、花岗石饰面板的安装方法基本相同。为了避免预制水磨石饰面板安装前用电钻钻孔,可以在工厂预制时,板背面预埋铁环或者预埋铁件,以备安装时与绑扎钢筋网片连接,如图 4-62 所示

5. 空心石板圆柱安装施工

图　示	做　法

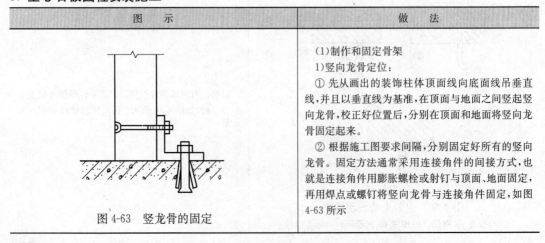

图 4-63　竖龙骨的固定

　　(1)制作和固定骨架

　　1)竖向龙骨定位:

　　① 先从画出的装饰柱体顶面线向底面线吊垂直线,并且以垂直线为基准,在顶面与地面之间竖起竖向龙骨,校正好位置后,分别在顶面和地面将竖向龙骨固定起来。

　　② 根据施工图要求间隔,分别固定好所有的竖向龙骨。固定方法通常采用连接角件的间接方式,也就是连接角件用膨胀螺栓或射钉与顶面、地面固定,再用焊点或螺钉将竖向龙骨与连接角件固定,如图 4-63 所示

图　示	做　法

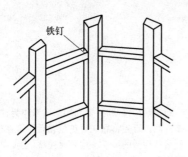

铁钉

图 4-64　装饰圆柱龙骨的骨架

2)制作横向龙骨。在具有弧形的装饰柱体中,横向龙骨一方面是龙骨架的支撑件,另一方面又起着造型的作用。所以,在圆形或有弧形的装饰柱体中,横向龙骨需制作出弧形线,如图 4-64 所示。

横向龙骨的间隔尺寸应该与石板材的高度相同,以便于设置不锈钢丝或铜丝对石板进行绑扎固定

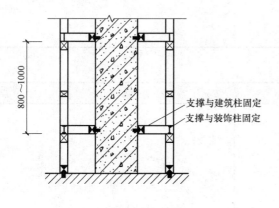

800～1000

支撑与建筑柱固定
支撑与装饰柱固定

图 4-65　支撑杆的连接固定方式

3)柱体龙骨架与建筑柱体的连接。通常在建筑的原柱体上安装支撑杆件,使之与装饰柱体骨架相固定连接。支撑杆可以用木方或角钢来制作,并用膨胀螺栓或射钉、木楔铁钉的方法与建筑柱体相接,其另一端与装饰柱体骨架钉接或者焊接。支撑杆应该分层设置,在柱体高度方向上,分层的间隔为800～1000mm(图 4-65)

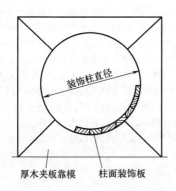

装饰柱直径

厚木夹板靠模　　柱面装饰板

图 4-66　装饰柱镶贴石板面做法

(2)圆柱石面板镶贴

1)靠横。用厚木夹板制作一个内径等于柱体外径的靠横,利用靠横来确定石材板切角的大小(图 4-66)。

①先将靠横边按照贴面方向摆放几块石板,测量石板对缝所需切角的角度。然后按照此角度在石材切割机上切角。

②将切好角的石板再放置在靠横边,观察两石板对缝情况,若可对角,便按照此角进行切角加工。靠横方式

图 示	做 法

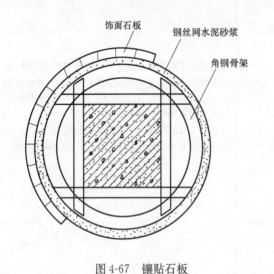

图 4-67 镶贴石板

2)镶贴。镶贴时,要利用靠横来作为柱面镶贴的基准圆。首先将靠横对正位置后固定在柱体下面,然后从柱体的最下一层开始镶贴,逐步向上镶贴石板饰面,如图 4-67 所示

6. 天然花岗石饰面板安装施工

图 示	做 法

钢筋混凝土墙　填充砂浆
花岗石
不锈钢连接器
不锈钢上下合缝销
水平钢筋　嵌缝砂浆
预埋铁件
40～60

(a)

不锈钢膨胀螺栓
花岗石
聚氯乙烯垫
嵌缝油膏
支承材料
钢筋混凝土墙　不锈钢连接具
80～90

(b)

(1)普通板安装方法

1)湿法工艺。如图 4-68(*a*)所示,为我国的传统做法。可以用于混凝土墙,也可以用于砖墙。常用于多层建筑和高层建筑的首层。

2)干法工艺。如图 4-68(*b*)所示,是直接在石上打孔,然后用不锈钢连接器与埋在钢筋混凝土墙体内的膨胀螺栓相连,石板与墙体间形成 80～90mm 宽的空气层。通常多用于 30m 以下的钢筋混凝土结构,不适用于砖墙和加气混凝土墙。

3)GPC工艺。如图 4-68(*c*)所示,是将以钢筋混凝土做衬板、花岗石做饰面板(两者用不锈钢连接环连接,浇筑成整体)的复合板,通过连接器具,挂到结构(钢筋混凝土或钢结构)上的做法。这种柔性节点可用于超高层建筑,以满足抗震的要求

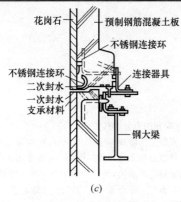

图 4-68　花岗石板安装方法示意
(a)湿法工艺；(b)干法工艺；(c)GPC 工艺

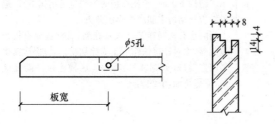

图 4-69　直孔示意图

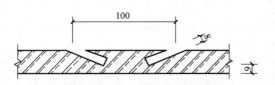

图 4-70　斜孔示意图

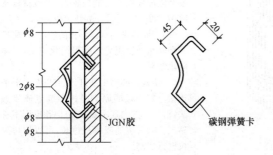

图 4-71　金属夹安装示意图

(2)镜面板湿作业改进安装方法

1)板材钻斜孔打眼、安金属夹。花岗石饰面板上下两面各钻两个孔径为 5mm、深 18mm 的直孔，以便固定连接件，如图 4-69 所示。板材背面再钻 2 个 135°斜孔，先用合金钢錾子在钻孔平面剔窝，再用台钻直对板材背面打孔，打孔时将板材固定在 135°的木架上或用摇臂钻斜对板材钻孔，孔深为 5～8mm，孔底距板材磨光面 9mm，孔径 8mm，如图 4-70 所示。

把金属夹安装在 135°孔内，用 JGN 型胶固定，并用钢筋网连接牢固，如图 4-71 所示。

2)安装浇灌细石混凝土。

3)擦缝、打蜡。

图 示	做 法

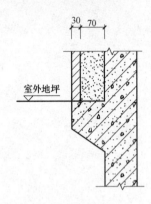

图 4-72 混凝土柱、墙下部增设牛腿

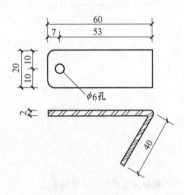

图 4-73 连接件示意

（3）花岗石复合板安装

安装之前将板两头弹上中线，在混凝土柱身弹上中线以及标高分块线，用钢丝绳外裹水龙带做临时固定复合板卡箍，使复合板上下对准中线，校正垂直以及方正（防止累积误差）之后即可拧牢连接件螺栓。

为了防止结构下沉引起的地坪处石板受剪而导致开裂脱落，在混凝土柱、墙下部设牛腿，如图 4-72 所示。结构下沉时，承托石板的牛腿也随结构下沉，避免石板与结构之间产生附加剪力。

为防止石板间连接铁以及挂筋锈蚀，造成石板开裂脱落，除对连接铁作 JTL-4 涂层防锈处理外，需要采用连接件，如图 4-73 所示。这种连接件能托能拉，不易锈蚀，节约钢丝

7. 彩色涂层钢板饰面安装施工

图 示	做 法

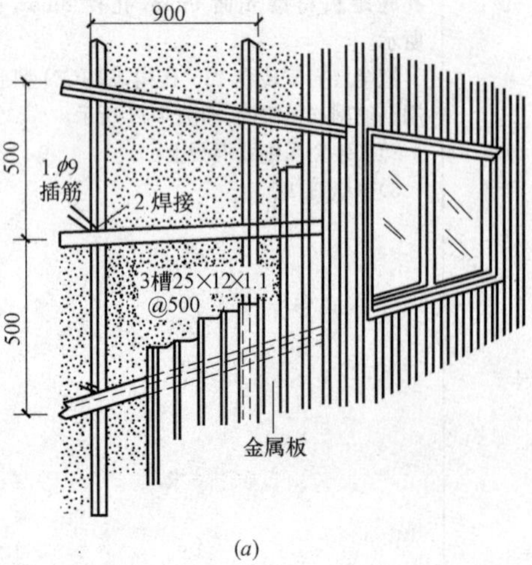

（1）安装墙板要按照设计节点详图进行，安装之前要检查墙筋位置，计算板材以及缝隙宽度，进行排版、划线定位。

（2）需要特别注意异形板的使用，在窗口和墙转角处使用异形板可简化施工，增加防水效果。

（3）墙板和墙筋用铁钉、螺钉以及木卡条连接。安装板的原则是按照节点连接做法，沿一个方向顺序安装，方向相反则不易施工。如果墙筋或墙板过长，可以用切割机进行切割。

图 4-74 为墙板连接方法，图 4-75 为异形板的使用方法

（a）

图　示	做　法

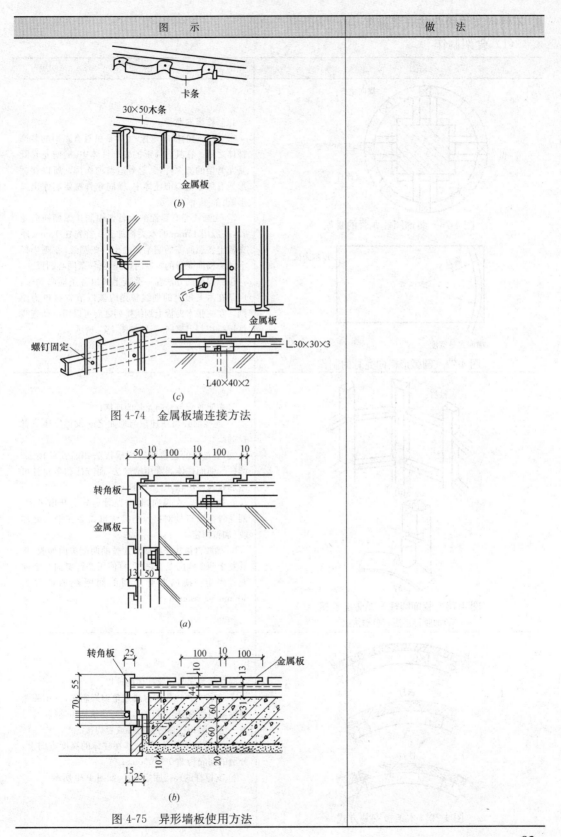

图 4-74　金属板墙连接方法

图 4-75　异形墙板使用方法

8. 不锈钢装饰板包柱安装施工

(1) 骨架制作

图　　示	做　　法
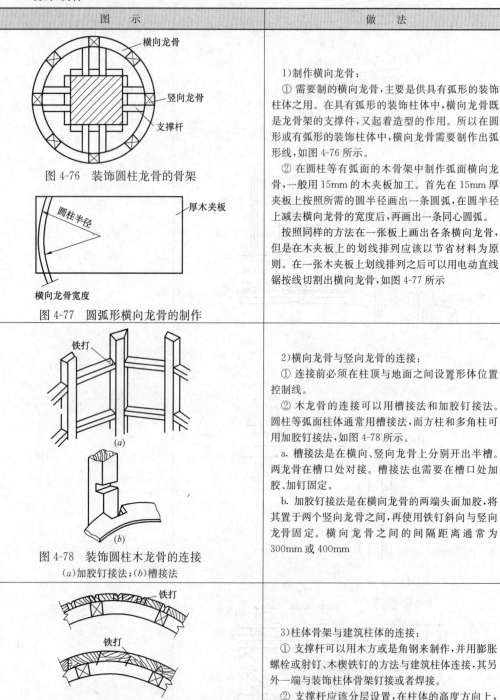	1)制作横向龙骨： ① 需要制的横向龙骨，主要是供具有弧形的装饰柱体之用。在具有弧形的装饰柱体中，横向龙骨既是龙骨架的支撑件，又起着造型的作用。所以在圆形或有弧形的装饰柱体中，横向龙骨需要制作出弧形线，如图 4-76 所示。 ② 在圆柱等有弧面的木骨架中制作弧面横向龙骨，一般用 15mm 的木夹板加工。首先在 15mm 厚夹板上按照所需的圆半径画出一条圆弧，在圆半径上减去横向龙骨的宽度后，再画出一条同心圆弧。 按照同样的方法在一张板上画出各条横向龙骨，但是在木夹板上的划线排列应该以节省材料为原则。在一张木夹板上划线排列之后可以用电动直线锯按线切割出横向龙骨，如图 4-77 所示
	2)横向龙骨与竖向龙骨的连接： ① 连接前必须在柱顶与地面之间设置形体位置控制线。 ② 木龙骨的连接可以用槽接法和加胶钉接法。圆柱等弧面柱体通常用槽接法，而方柱和多角柱可用加胶钉接法，如图 4-78 所示。 a. 槽接法是在横向、竖向龙骨上分别开出半槽。两龙骨在槽口处对接。槽接法也需要在槽口处加胶、加钉固定。 b. 加胶钉接法是在横向龙骨的两端头面加胶，将其置于两个竖向龙骨之间，再使用铁钉斜向与竖向龙骨固定。横向龙骨之间的间隔距离通常为 300mm 或 400mm
	3)柱体骨架与建筑柱体的连接： ① 支撑杆可以用木方或是角钢来制作，并用膨胀螺栓或射钉、木楔铁钉的方法与建筑柱体连接，其另外一端与装饰柱体骨架钉接或者焊接。 ② 支撑杆应该分层设置，在柱体的高度方向上，分层的间隔为 800～1000mm。 ③ 支撑杆的连接固定方式，如图 4-79 所示

图 4-76　装饰圆柱龙骨的骨架

图 4-77　圆弧形横向龙骨的制作

图 4-78　装饰圆柱木龙骨的连接
(a)加胶钉接法；(b)槽接法

图 4-79　木条板安装方式

（2）不锈钢装饰板饰面安装

图　　示	做　　法
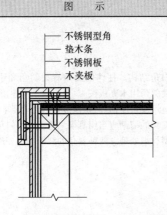 不锈钢型角 垫木条 不锈钢板 木夹板 图 4-80　不锈钢板安装及转角处理	1）方柱上安装不锈钢板。方柱体上安装不锈钢板一般需要木夹板做基层。在大平面上用环氧树脂胶（万能胶）把不锈钢板面粘贴在基层木夹板上，然后在转角处用不锈钢成型角压边，如图 4-80 所示。在压边不锈钢成型角处，可以用少量玻璃胶封口
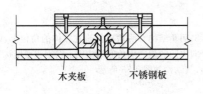 木夹板　　　　不锈钢板 图 4-81　直接卡口式安装 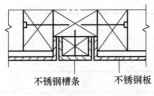 不锈钢槽条　　不锈钢板 图 4-82　嵌槽压口式安装	2）圆柱面上安装不锈钢板。圆柱面不锈钢板面，一般是在工厂专门加工成所需要的曲面。 　　安装的关键在于片与片间的对口处。安装对口的方式主要有直接卡扣和嵌槽压口式两种。 　　① 直接卡扣式是在两片不锈钢板对口处，安装一个不锈钢卡口槽，该卡口槽用螺钉固定于柱体骨架的凹部。 　　安装柱面不锈钢板的时候，只要将不锈钢板一端的弯曲部勾入卡口槽内，再用力推按不锈钢板的另一端，利用不锈钢板本身的弹性，使其卡入另外一个卡口槽内，如图 4-81 所示。 　　② 嵌槽压口式是把不锈钢板对口处的凹部用螺钉或铁钉固定，再把一条宽度小于凹槽的木条固定在凹槽中间，两边空出间隙相等，其间隙宽约 1mm 左右。在木条上涂刷环氧树脂胶（万能胶），等到胶面不粘手时，向木条上嵌入不锈钢槽条。其安装方式如图 4-82 所示。 　　安装嵌槽压口的关键是木条的尺寸准确，形状规则

（3）方柱角位的结构处理

图　　示	做　　法
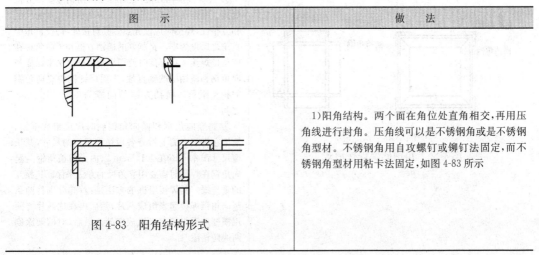 图 4-83　阳角结构形式	1）阳角结构。两个面在角位处直角相交，再用压角线进行封角。压角线可以是不锈钢角或是不锈钢角型材。不锈钢角用自攻螺钉或铆钉法固定，而不锈钢角型材用粘卡法固定，如图 4-83 所示

图　　示	做　　法
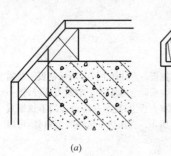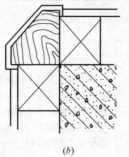 (a)　　　　　　　　　(b) 图 4-84　斜角结构形式 (a)大斜角用木尖板；(b)小斜角用不锈钢型材	2)斜角结构。柱体的斜角有大斜角和小斜角两种。大斜角用木夹板按 45°角将两个面连接起来，角位不再用线条修饰，但是角位处的对缝要求严密，角位木夹板的切割应当用靠横来进行。小斜角常用不锈钢型材来处理。两种斜角的结构如图 4-84 所示
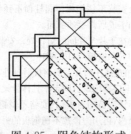 图 4-85　阴角结构形式	3)阴角结构。阴角也就是在柱体的角位上，做一个向内凹的角。阴角的结构用不锈钢成型型材来包角，其结构如图 4-85 所示

9. 铝合金型材板包柱安装施工

（1）制作骨架

图　　示	做　　法
竖向角钢 横档角钢 焊接处 竖向角钢 横档角钢 (a)　　　　　　　　　(b) 图 4-86　角钢框架焊接形式	1)混合结构框架施工： 角钢框架焊接：角钢框架有两种常见形式，如图 4-86所示。 ① 先焊接横档方框，然后将竖向角钢与横档方框焊接。框架在焊接之前要校核每个横档方框的尺寸和方整性，焊接时应该先点焊其对接处，待校正每个直角之后再焊牢。将制好的横档方框和竖向角钢在四角位焊接。在焊接时使用靠角尺的方法来保证竖向角钢和横档框的垂直性，进而保证四角立向角钢的相互平行。横档方框的间隔为 600～1000mm 之间。 ② 将竖向角钢和横档角钢同时焊接组成框架。框架在焊接之前要检查各段横档角钢的尺寸，其长度尺寸误差应该在±1.5mm 以内。横档角钢与竖向角钢在焊接时需要用靠角尺的方法来保证其相互的垂直线。其焊接组框的方法是：首先分别将两条竖向角钢焊接起来组成两片，然后再在这两片之间用横档角钢焊接起来组成框架。最后，对框架涂刷两遍防锈漆

图　　示	做　　法
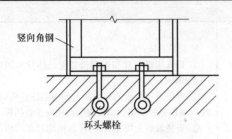 竖向角钢 环头螺栓 图 4-87　角钢框架与顶面、地面固定	2)角钢框架与地面、顶面的固定： ① 角钢框架与地面常用预埋铁件来固定,如图 4-87所示。预埋件通常为环头螺栓,数量为四只,长度为 100mm 左右。 ② 如地面结构不允许用预埋件,也可以用 M10～M14 的膨胀螺栓来固定,其数量为 6～8 只。但是长度应该在 60mm 左右
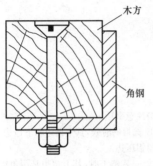 木方 角钢 图 4-88　木方与角钢的固定	3)混合结构的木方及木夹板安装： ① 木方安装:木方安装前应刨平四面,并检查方正度。将木方就位以后用手电钻钻出 $\phi6.5$ 的孔,钻孔时应一并将木方和角钢同时钻通,用 M6 的平头长螺栓把木方固定在角钢上,在螺栓紧固之前,应该使用角尺校正木方安装的方正性,若有歪斜,在角钢和木方之间垫木楔来校正,木楔必须加胶后再打入其间。最后上紧长螺栓,长螺栓的头部应埋入木方内,如图 4-88 所示
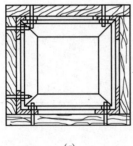 (a) 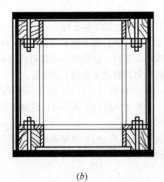 (b) 图 4-89　木夹板安装 (a)安装在角钢骨架上；(b)钉接在木方上	② 木夹板安装:为了便于安装与进行饰面,混合结构的柱体常用原木夹板做基面。其安装方式有两种： 一种是直接钉接在混合骨架的木方上,另一种是安装在角钢骨架上,如图 4-89 所示

（2）铝合金型材板饰面安装工艺

图　　示	做　　法
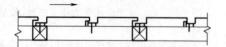 图 4-90　铝合金扣板安装方式	1）安装方法： 　① 首先用螺钉在扣板凹槽处与柱体骨架固定第一条扣板。 　② 再用另一块板的一端插入槽内盖住钉头，在另外一端用螺钉固定。以此逐步在柱身安装扣板。 　③ 安装最后一块扣板时，可以用螺钉在凹槽内紧固（图 4-90）
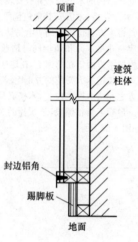 图 4-91　上顶边、下地边的安装	2）注意事项： 　① 选料的时候，其上顶边和下地边一般是选用同色角铝压边。 　② 安装施工时，其上顶边是用角铝向外压，下地边是用角铝向内压，如图 4-91 所示
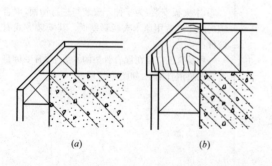 图 4-92　斜角结构形式 （a）大斜角用木夹板；（b）小斜角用铝合金型材	3）方柱角位的结构处理： 　① 阳角结构：同不锈钢阳角结构，而压角线是铝角或铝角型材。铝角用自攻螺钉或者铆接法固定，而各种角型材通常用粘卡法固定。 　② 斜角结构：柱体的斜角同不锈钢斜角结构，但是小斜角常用铝合金来处理。斜角的结构如图 4-92 所示。 　③ 阴角结构：同不锈钢阴角结构，但是阴角的结构用铝合金成型型材来包角

10. 木龙骨夹板墙安装施工

图　　示	做　　法

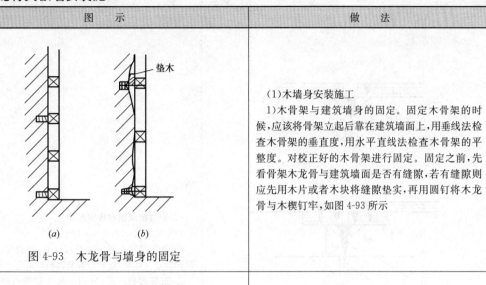

图 4-93　木龙骨与墙身的固定

(1)木墙身安装施工

1)木骨架与建筑墙身的固定。固定木骨架的时候,应该将骨架立起后靠在建筑墙面上,用垂线法检查木骨架的垂直度,用水平直线法检查木骨架的平整度。对校正好的木骨架进行固定。固定之前,先看骨架木龙骨与建筑墙面是否有缝隙,若有缝隙则应先用木片或者木块将缝隙垫实,再用圆钉将木龙骨与木楔钉牢,如图 4-93 所示

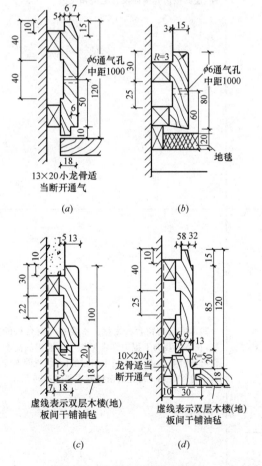

图 4-94　几种木质踢脚板形式

2)钉踢脚板。踢脚板可以使用实木板制作,也可以用原木夹板(9～15mm)制作。

实木板、厚夹板踢脚线,通常用铁钉与墙面木骨架固定。模压板踢脚线可以用环氧树脂胶与木夹板墙面粘贴。

常见木质踢脚板形式如图 4-94 所示

图　示	做　法

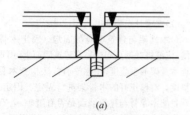

(a)

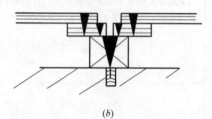

(b)

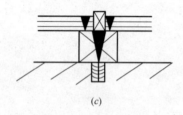

(c)

图 4-95　墙裙面板安装方法

(a)明缝安装；(b)阶梯缝安装；(c)压条缝安装

（2）木墙裙及窗台板安装施工

1）安装方法：

① 常见墙裙面板的安装方法有：明缝安装面板、阶梯缝安装面板、压条缝安装面板，如图 4-95 所示。

② 安装面板之前，应用 0 号木砂纸打磨面板四周，使其棱边光滑而没有毛刺和飞边

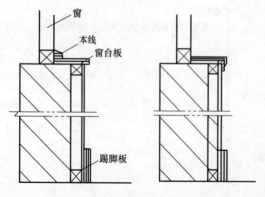

图 4-96　木墙裙与窗台板的衔接

2）木墙裙与窗台板衔接。木墙裙与窗台板的衔接，在室内装饰工程中经常见到。木墙裙的高度通常与窗台等高，窗台板与木墙裙的衔接，就使木墙裙有了整体效果。常见的衔接方式如图 4-96 所示

11. 塑料贴面装饰板安装施工

图　　示	做　　法

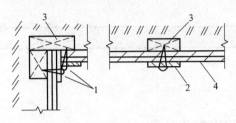

图 4-97　装饰塑料板压条拼接图
1—塑料板；2—压条；3—楞木；4—木螺钉

(1)安装

1)压条法。胶贴厚度在 8mm 以下的胶贴塑料板的安装，最好采用压条法，如图 4-97所示。压条可用特制的铝条、木条或同样的塑料板条，所用的木螺钉为镀铬半圆头，以免锈蚀后影响美观

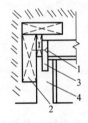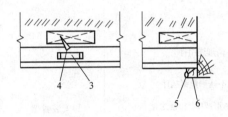

图 4-98　装饰塑料板无缝拼接图
1—塑料板；2—楞木；3—嵌入条；
4—木螺钉；5—钉子；6—盖缝条

2)对缝法。用于厚度在 16mm 以上的胶贴塑料板材，其安装方法如图 4-98 和图 4-99所示。适用于高级装修。壁板完全是用钉和木螺钉与木楞相结合的，便于改装拆修

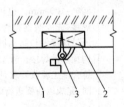

图 4-99　装饰塑料板企口拼接图
1—塑料板；2—楞木；3—木螺钉

图 4-100　装饰塑料板封边处理
1—塑料板；2—木条；3—钉子；
4—塑料板或单板；5—铝边；6—木螺钉或钉子

(2)木条封边

将板边与镶边木条刨成需要的形状以后，在接合面涂胶，然后用扁帽钉将镶边钉在板框上，如图 4-100 所示

4.4 金属饰面板的安装

1. 金属饰面板安装要点

图　　示	做　　法
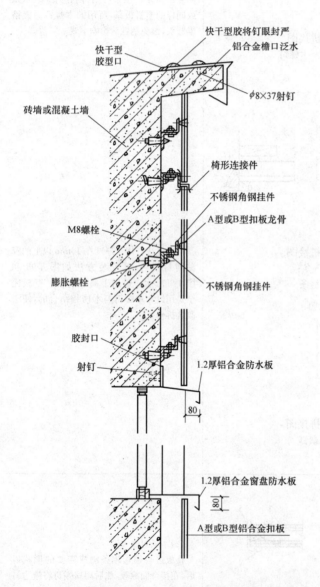 图 4-101　金属板骨架与结构采用膨胀螺栓连接示意图	（1）安装骨架 　　金属饰面板的骨架一般为型钢,骨架可以在地面预制加工好以后,进行成片安装,也可在墙面上单独安装。横、竖骨架与结构的连接固定可以采用膨胀螺栓连接,如图 4-101 所示,膨胀螺栓的间距通常为 800～1000mm。也可以与结构的预埋件焊接,先安装连接件,骨架的横、竖杆件是通过连接件与结构固定的,连接件又和结构预埋件焊接。骨架的平整度和垂直度要符合施工验收要求,位置要准确,结构要牢固,完成以后要进行防腐处理

图　　示	做　　法

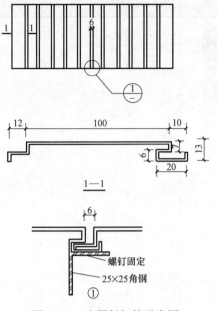

图 4-102　金属板钉接示意图

（2）安装金属饰面板

安装金属饰面板主要有以下三种方法：一种是将板条或者方板用螺钉或铆钉固定到支撑骨架上，如图 4-102 所示。另一种是将板条卡在特制的支撑龙骨上，如图 4-103 所示。还有一种是直接将板条或方板用胶粘贴在纸面石膏板、水泥压力板或是木胶合板的表面上。板与板之间的间隙，通常是 10～20mm，并用橡胶条或密封胶等弹性材料处理

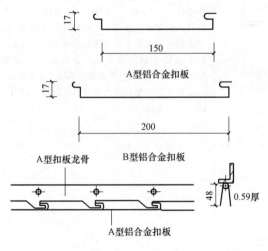

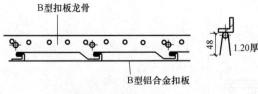

图 4-103　金属板扣接示意图

2. 金属装饰板屋面施工

（1）金属瓦屋面构造做法

图　　　示	做　　法
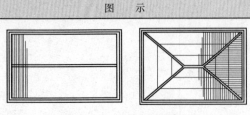 图 4-104　金属瓦屋面示意 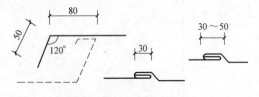 图 4-105　金属板搭接做法（一） 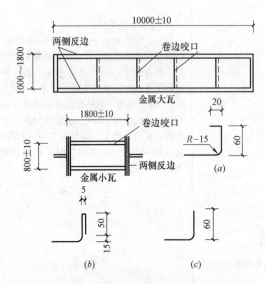 图 4-106　金属板搭接做法（二） （a）～（c）金属板两侧反边形状（选用由设计确定）	

金属瓦屋面示意如图 4-104 所示。瓦与瓦的连接应搭接，卷边平咬口，如图 4-105 所示。顺水方向的搭接为两侧反边做法立咬口，如图 4-106 所示。

金属瓦在屋面上的安装是采用金属支架及螺栓固定于木骨架和木望板上。金属瓦与瓦的接缝如图 4-107 所示。屋脊构造做法如图 4-108 所示。

金属瓦屋面檐口及出头封山构造做法如图 4-109、图 4-110 所示

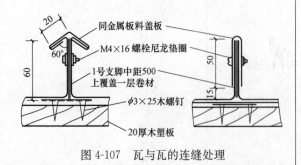

图 4-107　瓦与瓦的连缝处理

图　示	做　法

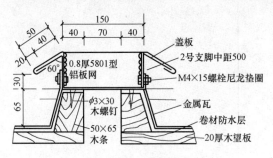

图 4-108　屋脊做法

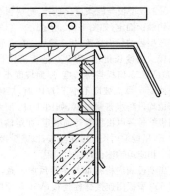

图 4-109　檐口做法

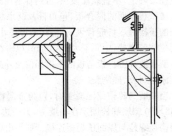

图 4-110　封山构造示意

（2）金属压型板屋面构造做法

图　示	做　法

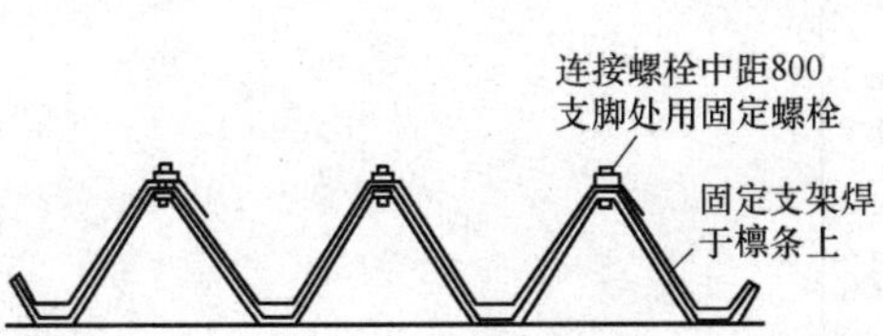

连接螺栓中距800
支脚处用固定螺栓

固定支架焊
于檩条上

图 4-111　金属压型屋面板搭接固定示意（一）

金属压型屋面板 W-550 型，在支座处设固定支架，支架与型钢檩条焊牢，与固定支架连接时每个波峰都设固定螺栓固定，如图 4-111 所示。

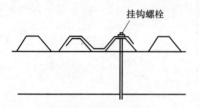

图 4-112　金属压型屋面板搭接固定示意(二)

V-125 型板与檩条直接连接,每块板一般有三个挂钩螺栓固定,如图 4-112 所示。

压型板的长向搭接,相搭接处应有支承,不得悬空搭接。搭接长度为:W-550 型板搭接长度不小于 380;V-125 型板搭接长度,屋面坡度小于 1/10 时,搭接 250,屋面坡度不小于 1/10 时,搭接 200,搭接部位均设防水密封材料,如图 4-113 所示。由于压型板的长可以根据设计而确定,在运输吊装许可条件下,尽量采用长尺度压型板,以减少接缝,防止渗漏。相应地钢檩也可拉大间距。

压型板侧向搭接应与主导风向一致,搭接部位,W-550 型板用连接螺栓连接,V-125 型板用铆钉连接,外露钉头涂密封膏。注意连接件位置一般要求设在波峰上,不宜设在波谷,否则容易渗漏。

压型板屋面的屋脊板、包角板及泛水板等配件之间的搭接缝尽可能背风向,搭接长度不小于 60mm,用拉铆钉连接,中距不大于 50mm,拉铆钉头不可在压型板波峰上。板与板的搭接部位及外露钉头均应填涂密封胶、硅酮胶。

当山墙为砖砌或混凝土时,包角金属板一边可用 M8×80 膨胀螺栓固定在山墙上,另一边折 90°以后用钩挂螺栓与屋面压型板连接。如果山墙也是金属板,则用钩挂螺栓连接山墙包角,山墙包角板与金属山墙板螺栓连接处应填塞泡沫堵头,如图 4-114 所示

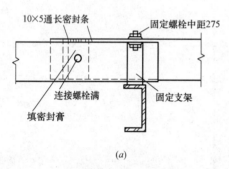

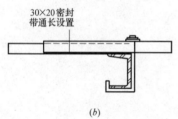

图 4-113　压型屋面板长向搭接
(a)W-550 型;(b)V-125 型

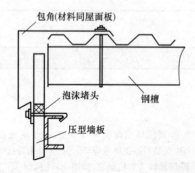

图 4-114　压型板屋面山墙包角做法

（3）金属压型夹心板屋面构造做法

图　　示	做　　法

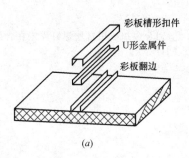

（a）

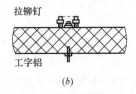

（b）

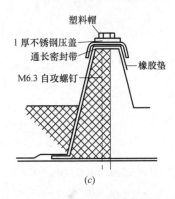

（c）

图 4-115　夹心板屋面板搭接固定示意
（a）屋面板连接示意；（b）屋面板横坡连接；
（c）TRDB 屋面板搭接固定

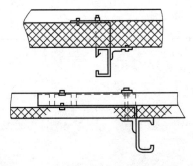

图 4-116　夹心金属板屋面板搭接示意

　　屋面坡度通常为 1/6～1/20；在腐蚀环境中，屋面坡度不小于 1/12。

　　夹心屋面板的搭接与固定：在横波每两块屋面板碰头处，上层钢板作翻边防水沿，内用槽形连接板相连，通过槽形连接板用连接螺栓与屋顶檩条固定，在防水沿上盖槽形盖口防水如图 4-115 所示。

　　对于 TRDB 夹心屋面板是在波峰处用自攻螺钉与檩条固定。夹心板屋面板搭接时，上、下两块板均应搁在支承上，其搭接长度，当屋面坡度小于 1/10 时，搭接长度 200～250mm，搭接处均设防水密封材料。

　　搭接钢板部分用拉铆钉连接，外露铆钉头涂密封膏，如图 4-116 所示，其包角板、泛水板及非压型屋脊板等配件的搭接尽可能背风向，搭接长度大于 60mm，用拉铆钉连接，中距不大于 50mm

3. 金属外墙饰面做法

（1）铝合金幕墙板安装施工

图　　示	做　　法
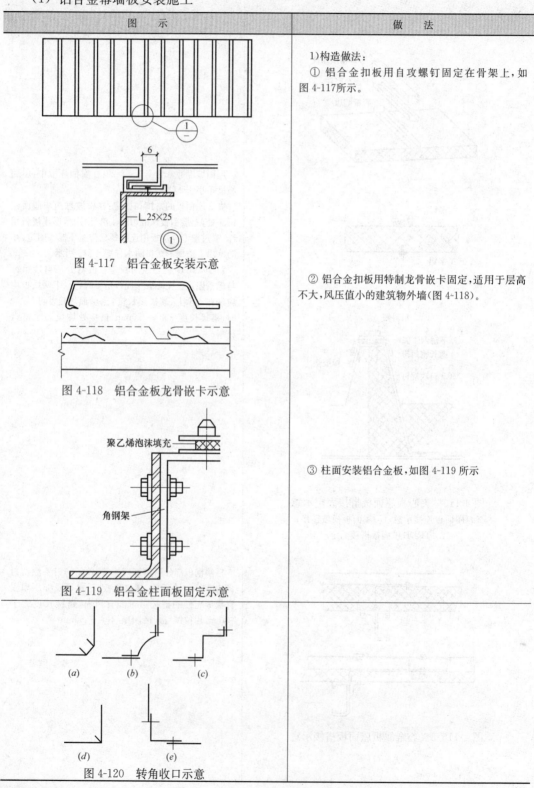	1）构造做法： ① 铝合金扣板用自攻螺钉固定在骨架上，如图 4-117 所示。 ② 铝合金扣板用特制龙骨嵌卡固定，适用于层高不大，风压值小的建筑物外墙（图 4-118）。 ③ 柱面安装铝合金板，如图 4-119 所示

图 4-117　铝合金板安装示意

图 4-118　铝合金板龙骨嵌卡示意

图 4-119　铝合金柱面板固定示意

图 4-120　转角收口示意

图　示	做　法
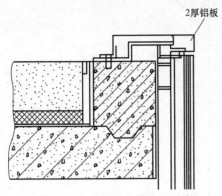 图 4-121　女儿墙上端收口示意	2)收口处理: ①转角收口处理:图 4-120 所示是目前在转角部位收口的常用做法示意。通常采用 1.5mm 厚铝合金板压制成特定形状,用螺栓与外墙板连接。注意收口连接板颜色宜与外墙板颜色相同。 ②窗台、女儿墙上部收口处理:为能阻挡风雨浸透,窗台、女儿墙的上部应做水平盖板压顶处理,如图 4-121 所示。注意应先在基层上焊牢钢骨架,然后用螺栓将盖板固定。板的接长部位应用胶密封。 ③墙面边缘部位收口处理:是用铝合金成型板将墙板端部及龙骨部位封住。
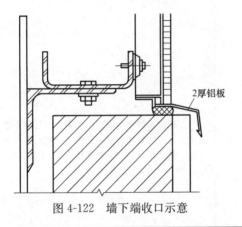 图 4-122　墙下端收口示意	④墙面下端收口处理:用一条特制的披水板,将板的下端封住,同时将板与墙之间的间隙盖住,防止雨水渗入室内,如图 4-122 所示。 ⑤变形缝的收口处理:在外墙伸缩缝、沉降缝处用特制的氯丁橡胶带卡在凹槽内进行防水处理是一种方法。还可以用压板、用螺钉顶紧

（2）不锈钢板与彩色涂层钢板墙、柱面安装施工

图　示	做　法
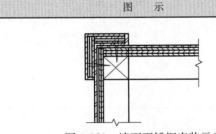 图 4-123　墙面不锈钢安装示意	1)墙面及方柱面上安装不锈钢板。墙面及方柱面上安装不锈钢板,通常需要胶合板做基层。在平面上用万能胶把不锈钢板面粘贴在胶合板基层上,在转角处用不锈钢型材封边,并用硅酮胶封口,如图 4-123所示
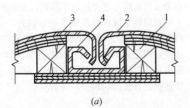 (a)	2)圆柱面上安装不锈钢板。圆柱面上安装不锈钢板,通常是将不锈钢板按设计要求加工成曲面。一个圆柱面一般由二片或三片不锈钢曲面组装而成。安装的关键在片与片间衔接处,其方式有直接卡口式和嵌槽压口式两种,如图 4-124 所示

图　示	做　法

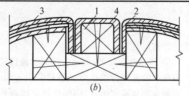

图 4-124　圆柱面不锈钢安装示意

(a)直接卡口式安装；(b)嵌槽压口式安装

1—垫木；2—不锈钢板；3—木夹板；4—不锈钢槽条

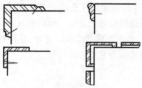

图 4-125　阳角结构形式示意

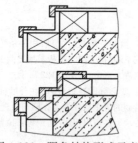

图 4-126　阴角结构形式示意

3)方柱用不锈钢饰面角位处理。方柱用不锈钢饰面角位处理的处理方法一般有阳角形、阴角形和斜角形。其所用材料有木角或铝合金、不锈钢、黄铜角等，如图 4-125～图 4-127 所示

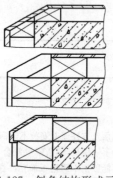

图 4-127　斜角结构形式示意

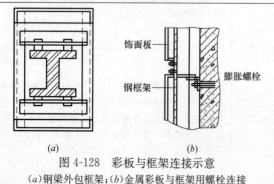

图 4-128　彩板与框架连接示意

(a)钢梁外包框架；(b)金属彩板与框架用螺栓连接

4)金属彩板与结构物的连接。彩色钢板饰面与铝合金板饰面的构造方法基本相同。通常在钢筋混凝土框架结构上埋设膨胀螺栓固定铁件，铁件上焊接框架；在钢结构的钢柱钢梁上直接外包框架。然后用螺钉固定金属彩板于钢框架上，如图 4-128 所示。金属彩板与框架连接除了用螺钉连接外，还有用销栓连接的方法，如图 4-129 所示

图　　示	做　　法

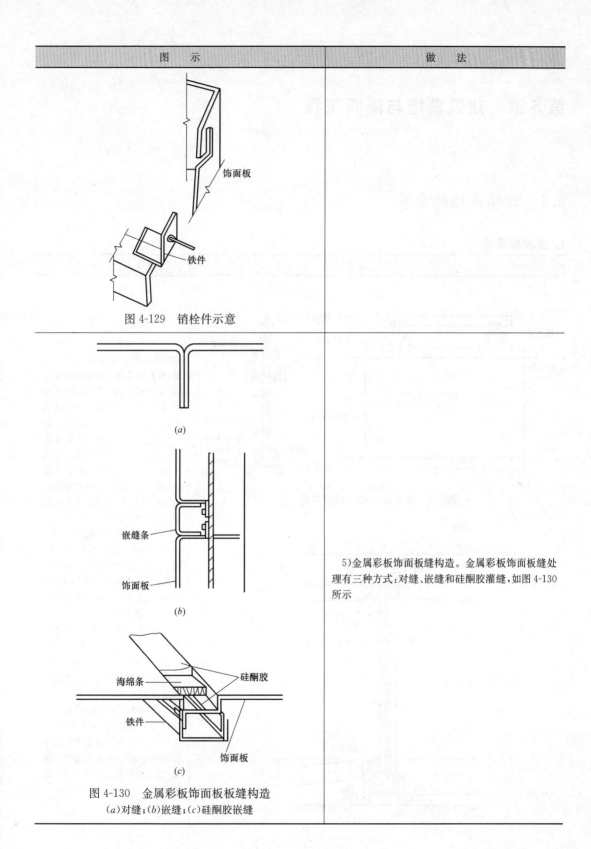

图 4-129　销栓件示意

饰面板

铁件

(a)

嵌缝条

饰面板

(b)

海绵条　　　　硅酮胶

铁件

饰面板

(c)

图 4-130　金属彩板饰面板板缝构造
(a)对缝;(b)嵌缝;(c)硅酮胶嵌缝

　　5)金属彩板饰面板缝构造。金属彩板饰面板缝处理有三种方式:对缝、嵌缝和硅酮胶灌缝,如图 4-130所示

第 5 章　建筑幕墙与隔断工程

5.1　玻璃幕墙的安装

1. 全玻璃幕墙

图　　示	做　　法
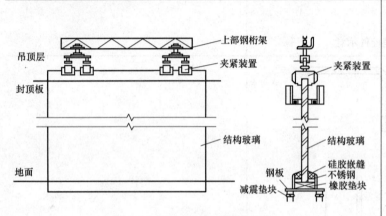 图 5-1　吊挂式全玻璃幕墙构造 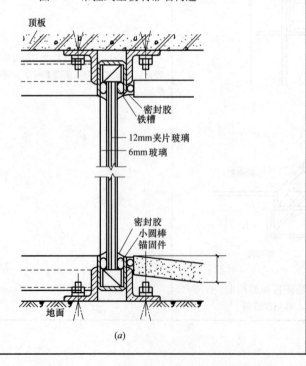 (*a*)	（1）全玻璃幕墙构造：全玻璃幕墙是由玻璃肋支撑的玻璃幕墙，所有连接都由透明结构胶完成，完全没有其他构件，因此更为通透，多用于建筑首层大堂或大厅。全玻璃幕墙的高度一般可达到 12m。为避免玻璃自重造成变形，当全玻璃幕墙高度大于 5m 时，应采用吊挂支撑系统，如图 5-1 所示。当全玻璃幕墙高度不大于 5m 时，可采用其他支撑系统，如图 5-2 所示。 （2）测量放线：根据设计图纸、面玻璃规格大小和标高控制线，用水准仪、经纬仪和钢尺等测量用具，测设出幕墙底边、侧边玻璃卡槽、玻璃肋和面玻璃的安装固定位置控制线。 （3）校核预埋件：安装后置埋件按测设好的各控制线，对预埋件进行检查和校核，位置超差、结构施工时漏埋或设计变更未埋的预埋件，应按设计要求进行处理或补做后置埋件，后置埋件通常可采用包梁、穿梁、穿楼板等形式安装，与结构之间应选用化学锚栓固定，不得采用膨胀螺栓，并应做拉拔力试验，同时做好施工记录

图　示	做　法

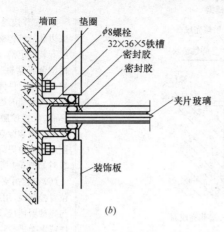

图 5-2　非悬挂小型全玻璃幕墙(单位:mm)

(a)幕墙上下节点(竖直截面);

(b)全玻璃幕墙与墙连接(水平截面)

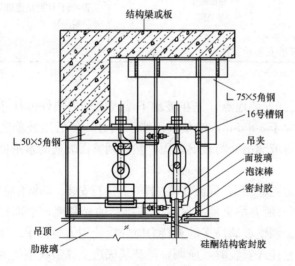

图 5-3　钢架安装示意图(单位:mm)

(4)安装钢架:全玻幕墙的吊挂钢架分成品钢架和现场拼装钢架两种。安装时如图 5-3 所示。

1)成品(半成品)钢架安装。按照设计图纸的要求,在工厂将钢架加工完成。运抵现场后按照预定的吊装方案将钢架吊装就位,与已安装好的埋件进行可靠连接,连接可采用螺栓连接或焊接固定,注意应先调整好位置后再将钢架与埋件固定牢固。

2)现场拼装钢架安装。各种型钢杆件运至现场后,先按设计图的要求和组装次序,在地面上进行试拼装并按安装顺序编号,然后按顺序码放整齐。安装时按拼装次序先安装主梁,再依次安装次梁和其他杆件。主梁与埋件、主梁与次梁以及与杆件之间连接固定方式应符合设计要求,一般采用螺栓连接,也可采用焊接,连接固定应牢固可靠

图　　示	做　　法

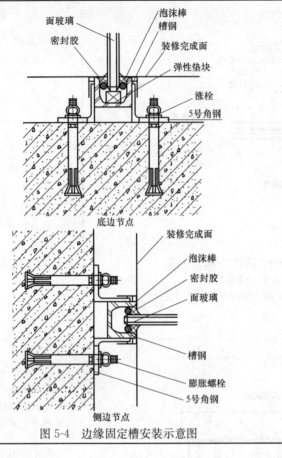

图 5-4　边缘固定槽安装示意图

(5)安装边缘固定槽:玻璃的底边和与结构交圈的侧边,一般应安装固定槽,通常固定槽选用槽型金属型材。安装时先将角码与结构埋件固定,然后将固定槽与角码临时固定,根据测设的标高、位置控制线,调整好固定槽的位置和标高,检查合格后将固定槽与角码焊接固定,施工安装时如图 5-4 所示。

(6)安装吊夹:根据设计图和位置控制线,用螺栓将玻璃吊夹与连接器连接,再把连接器与埋件或钢架进行连接,然后检查调整吊夹,使其中心与玻璃固定槽一致,最后将玻璃吊夹、连接器固定牢固。若为支撑式全玻璃幕墙,上边没有玻璃吊夹,而是将顶端玻璃固定槽直接固定到埋件或钢架。吊夹或固定槽固定好之后应进行全面检查,所有紧固件应紧固可靠并有防松脱装置,所有防腐层遭破坏处应补做防腐涂层

（7）安装玻璃:

1）安装面玻璃。将面玻璃运到安装地点,先在玻璃下端固定槽内垫好弹性垫块,垫块的厚度应大于 10mm,长度应大于 100mm,铺垫应不少于两处,然后用玻璃吸盘吸住玻璃吊装就位。玻璃就位后,先将玻璃吊夹与玻璃紧固,然后调整面玻璃的水平度和垂直度,将面玻璃临时定位固定。

2）安装肋玻璃。肋玻璃运到安装地点后,同面玻璃一样对其进行安装、调整和临时固定。

3）玻璃安装完后。检查、调整所有吊夹的夹紧度、连接器的松紧度,全部符合要求后,将全部玻璃定位做临时固定。调整玻璃吊夹的夹持力时,应使用力矩扳手。调整连接器的松紧度应按设计要求进行。悬挂式安装时,应调整至玻璃底边支撑垫块不受力且与垫块间有一定间隙。混合式安装时,应调整至玻璃吊夹和玻璃底边支撑垫块受力相协调。

（8）密封注胶:玻璃安装、调整完成并临时固定好之后,将所有应打胶的缝隙用专用清洗剂擦洗干净,干燥后在缝隙两边粘贴纸胶带,然后按设计要求先用透明结构密封胶嵌注固定点和肋玻璃与面玻璃之间的缝隙,等结构密封胶固化后,拆除玻璃的临时定位固定,再将所有胶缝用耐候密封胶进行嵌注。注胶时应边注边用工具勾缝,使成型后的胶面平整、密实、均匀、无流淌。操作时应注意不要污染面玻璃,多余的胶液应立即擦净,最后揭去纸胶带。

（9）淋水试验及清洗：所有嵌注的胶完全固化后，对幕墙易渗漏部位进行淋水试验，试验方法和要求应符合现行国家标准《建筑幕墙气密、水密、抗风压性能检测方法》GB/T 15227—2007 的规定。淋水试验检查合格后，对整个幕墙的玻璃进行彻底擦洗清理。

2. 点支撑玻璃幕墙

（1）点支承玻璃幕墙构造

点支承玻璃幕墙，又称驳接幕墙（DPG）。由钢结构或其他受力构件、铰接螺栓和玻璃组成的幕墙。点驳接幕墙的特点在于没有传统的窗框，玻璃的四角可进行多方向转动的支点（爪具）支撑，玻璃与玻璃之间用透明硅胶嵌缝，幕墙的通透性很好，最适合用在建筑的大堂、餐厅等需要视野开阔的部位。但由于技术原因，开窗较困难，故在需要完全或经常自然通风的室内部位的使用受到一定限制。点驳接幕墙的受力构件可以有很多方式，如钢立柱、钢管桁架、索桁架、玻璃肋等。索桁架和玻璃肋支撑结构更轻巧，能够更好地表达点驳接幕墙的通透性，是现代设计常用的方式，如图5-5、图5-6所示。

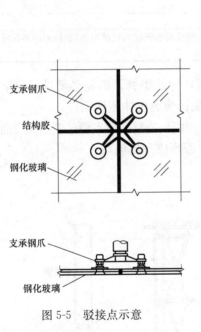

图 5-5　驳接点示意

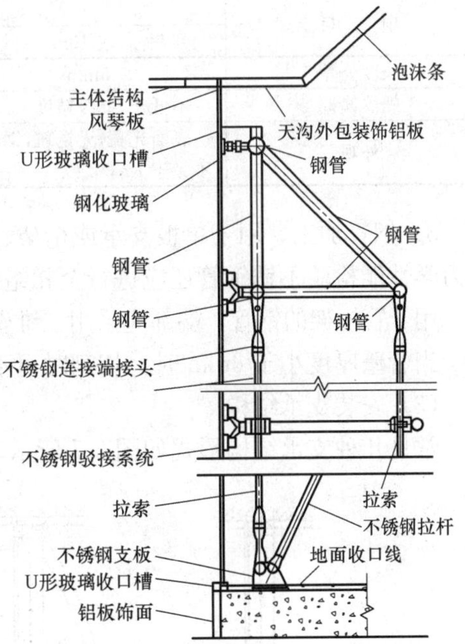

图 5-6　竖向拉索桁架点式幕墙

（2）点支幕墙的加工制作

1）制作一般要求：

① 玻璃的切角、钻孔等必须在钢化前进行，钻孔直径要大于玻璃板厚，玻璃边长尺寸偏差±1.0mm，对角线尺寸允许偏差±2.0mm，钻孔位置允许偏差±0.8mm，孔距允许偏差±1.0mm，孔轴与玻璃平面垂直度允许偏差±0.2°，孔洞边缘距板边间距大于或等于板厚度的2倍。

② PVB夹胶玻璃内层玻璃厚6～12mm，外层玻璃厚8～15mm，且外层夹胶玻璃厚度最小为8mm（当风力很小而且幕墙较低时酌情使用），夹胶玻璃最大分格尺寸不宜超过2m×3m，如经特殊处理或有特殊要求，在采取相应安全措施后可以适当放宽。

③ 中空玻璃打孔后，为防止惰性气体外泄，在玻璃开孔周围垫入一环状金属垫圈，并在金属垫圈与玻璃交接处用聚异丁烯橡胶片保证密封。

④ 单片玻璃的磨边垂直度偏差不宜超过玻璃厚度的 20%。

⑤ 在施工现场中，玻璃应存放在无雨、无雾、无震荡冲击和避免光照的地方，以避免玻璃破损或玻璃表面出现彩虹，特别要注意玻璃固定孔不能作为搬动玻璃的把手，起吊玻璃在玻璃重量允许前提下最好使用真空吸盘。

2）拉索制作。拉索下料之前应预先张拉，张拉力为破断拉力的 50%，持续时间 2h，反复进行三次，以清除日后的非弹性伸长量。预先张拉和检测在专用的钢台座上进行。切断后的钢索在挤压机上进行套筒固定。

挤压后的套筒应在 90% 破断拉力以上还能工作。

钢拉索的制作应符合表 5-1 的规定。

钢拉索的制作要求 表 5-1

项 目	长 度		
	$L \leqslant 10m$	$10m < L \leqslant 20m$	$L > 20m$
长度公差	5mm	8mm	12mm
螺纹偏差	不低于 6g 级精度		
外观	表面光亮，无锈斑，钢丝不允许有断裂及其他明显的机械损伤，钢拉索的接头粗糙度不大于 $Ra3.2$		

3）钢管加工。用于单根支承或桁架、空腹桁架杆件的钢管，事先必须进行化学性能和力学性能检验不锈钢管还应进行金相组织检验，确认为奥氏体不锈钢。

用于管桁架的钢管，端部应采用三维坐标切割机切割出连续光滑平稳过渡的相贯曲线。

当管壁厚度小于 6mm 时，切割时可不留坡口；否则应剖出坡口。

（3）安装支承结构

常见几种支承结构形式如图 5-7 所示。

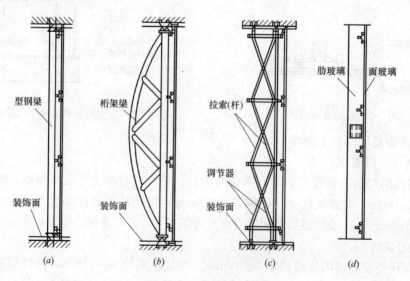

图 5-7 点支承幕墙结构体系示意图

（a）型材结构体系；（b）桁架结构体系；（c）索杆结构体系；（d）玻璃肋结构体系

116

图　示	做　法

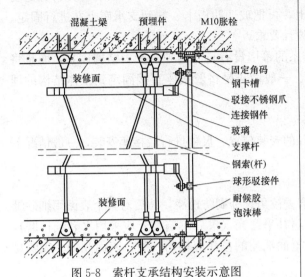

图 5-8　索杆支承结构安装示意图

1)索杆支承结构的安装。索、杆及锚固头应全部进行检查,并进行强度复试。拉索下料前应进行预张拉,张拉力可取破断拉力的 50%,持续时间为 2h。拉杆下料前宜采用机械拉直方法进行调直。索、杆的锚固头应采用挤压方式进行连接固定。拉杆和拉索安装时,应按设计要求设置预应力调节装置。索杆张拉前应对构件、锚具、锚座等进行全面检查,张拉时应分批、分次对称张拉,并按施工温度调整张拉力,做好张拉数据记录。索杆支承结构的安装如图 5-8 所示

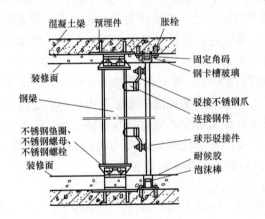

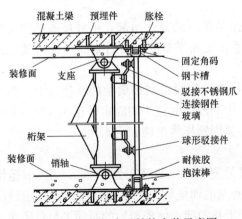

图 5-9　梁、桁架支承结构安装示意图

2)钢支承结构的安装。钢支承结构分为梁式和桁架两种。安装时先将钢梁或桁架吊装就位,初步校正后进行临时固定,再松开吊装设备的挂钩,调整检查合格后固定牢固。

① 梁式结构的横梁与立柱应采用螺栓连接,每个连接点不得少于两条螺栓,螺栓和螺母应进行抗滑移、防松脱处理。

② 桁架杆件之间宜采用单面焊进行焊接,焊缝高度应不小于 6mm,焊缝不应有尖夹角。钢梁或桁架与结构的固定应符合设计要求,一般采用螺栓连接或焊接固定。安装方法如图 5-9 所示

3）玻璃肋支撑。玻璃肋的规格、型号和厚度应符合设计要求，设计无要求时，玻璃肋应采用厚度不小于12mm的钢化夹层玻璃，宽度应不小于100mm。安装时先将固定肋板的支撑座安装固定到埋件或支撑结构上，再把玻璃肋板卡、挂到支承座上并进行固定。玻璃肋板固定应牢固，固定方式应符合设计要求。

4）建筑主体支承。采用该种支撑体系的幕墙没有自己的独立受力结构体系，而是将外力通过驳接件直接施加到主体结构上。一般做法是将驳接座直接固定到主体结构的埋件上。

（4）安装驳接座

支撑结构调整合格后，按照深化设计的安装位置、尺寸进行驳接座安装，一般情况下驳接座与支撑结构或埋件采用焊接固定。

（5）结构表面处理

将金属支撑结构的焊缝除净焊渣、磨去棱角、补刷防锈漆，然后对整个表面用细砂纸进行轻轻打磨，再用原子灰腻子分3～4遍补平磨光（最后一遍磨光应采用水砂纸打磨），最后用防火型油漆喷3～4道进行罩面。罩面油漆的色泽应均匀一致、表面光滑、无明显色差，质量应符合设计和相关规范要求。

（6）安装驳接系统

1）安装驳接爪。支撑结构表面处理完成后，将驳接座安装孔清理干净，再把驳接爪插入驳接座的安装孔内，用水平尺校准驳接爪的水平度（两驳接头安装孔的水平偏差应小于0.5mm），然后钻定位销孔，装入定位销，最后将驳接爪与驳接座固定牢固。驳接爪应能进行三维调整，以减少或消除结构或温差变形的影响。

2）安装驳接头。安装前应对驳接头螺纹的松紧度、配套件等进行全面检查，确保其质量。然后将驳接头螺母拧下，垫好衬垫穿入面玻璃和肋玻璃的安装孔内，再垫上衬垫用力矩扳手拧紧螺母和锁紧螺母。安装时驳接头的金属部分不应直接与玻璃接触，应垫入用弹性材料制作的厚度不小于1mm的衬垫或衬套，并应使玻璃的受力部位为面接触受力。螺母拧紧的力矩一般为10N·m，紧固时应注意调整驳接头的定位距离。

（7）安装玻璃

点支承玻璃幕墙的面玻璃为矩形或多边形时，固定支点个数应不少于四个，为三角形时，固定支点个数应不少于三个。

1）将装好驳接头的玻璃用吸盘抬起或用吊车配电动吸盘吊起，把驳接头的固定杆穿入驳接爪的安装孔内，拧上固定螺栓，调整垂直度和平整度，最后紧固螺栓将玻璃固定牢固。

2）玻璃肋支撑的面玻璃安装时，先将驳接爪安装固定到玻璃肋的驳接头上，然后将装好驳接头的面玻璃人工抬起或用吊车吊起，把面玻璃驳接头的固定杆穿入驳接爪的安装孔内，拧上固定螺栓，调整垂直度和平整度，紧固螺栓将玻璃固定牢固。

（8）调整板缝注胶

面玻璃安装好后，应按设计要求调整板缝的宽窄，一般缝宽为10mm，在2m范围内宽窄误差应小于2mm，板缝调好后，在板缝两侧的面玻璃上粘贴纸面胶带，再用硅酮耐候密封胶将板缝嵌填严密。注胶时应边注边用工具勾缝，使成型后的胶面平整、密实、均匀、无流淌。操作时应注意不要污染面玻璃，多余的胶液应立即擦净。

（9）淋水试验

所注的胶完全固化后，应对易发生渗漏的部位进行淋水试验，试验方法和要求应符合现行国家标准《建筑幕墙气密、水密、抗风压性能检测方法》GB/T 15227—2007。

（10）清洗验收

淋水试验合格后，在竣工验收前，对整个幕墙的支撑结构、驳接体系、玻璃的表面应进行全面擦拭、清理，清理干净后进行验收。

3. 元件式玻璃幕墙

（1）元件式幕墙构造

图　示	做　法
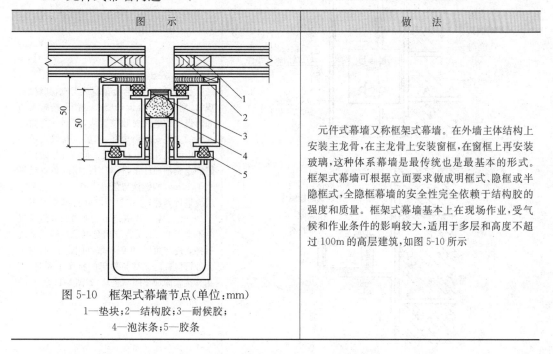 图 5-10　框架式幕墙节点（单位：mm） 1—垫块；2—结构胶；3—耐候胶； 4—泡沫条；5—胶条	元件式幕墙又称框架式幕墙。在外墙主体结构上安装主龙骨，在主龙骨上安装窗框，在窗框上再安装玻璃，这种体系幕墙是最传统也是最基本的形式。框架式幕墙可根据立面要求做成明框式、隐框或半隐框式，全隐框幕墙的安全性完全依赖于结构胶的强度和质量。框架式幕墙基本上在现场作业，受气候和作业条件的影响较大，适用于多层和高度不超过100m的高层建筑，如图5-10所示

（2）测量放线

1）根据幕墙分格大样图和土建单位给出的标高点、定出位线及轴线位置，采用重锤、钢丝绳、测量器具及水平仪等测量工具在主体上定出幕墙平面、立柱、分格及转角等基准线，并用经纬仪进行调校、复测。

2）幕墙分格轴线的测量放线应与主体结构测量放线相配合，水平标高要逐层从地面引上，以免误差积累，误差大于规定的允许偏差时，包括垂直偏差值，应在监理、设计人员同意后，适当调整幕墙的轴线，使其符合幕墙的构造需要。

3）对高层建筑的测量应在风力不大于四级情况下进行，测量应在每天定时进行。

4）质量检验人员应及时对测量放线情况进行检查，并将查验情况填入记录表。

5）在测量放线的同时，应对预埋件的偏差进行检验，其上、下、左、右偏差值不应超过±45mm，超差的预埋件必须进行适当的处理后方可进行安装施工，并把处理意见报监理、业主和公司相关部门。

6）质量检验人员应对预埋件的偏差情况进行抽样检验，抽样量应为幕墙预埋件总数量的5%以上且不少于5件，所检测点不合格数不超过10%，可判为合格。

（3）预埋件检查、后置埋件安装

预埋件由钢板或型钢加工制作而成，在结构施工时，按照设计提供的预埋件位置图准确埋入结构内。幕墙施工前要按各控制线对预埋件进行检查，一般位置尺寸允许偏差为±20mm，标高允许偏差为±10mm。对于位置偏差大、结构施工时漏埋或设计变更未埋的埋件，应按设计要求进行处理或补做后置埋件，后置埋件必须使用化学锚栓，不得采用膨胀螺栓，并应做拉拔试验检测，同时做好施工记录。

图　示	做　法
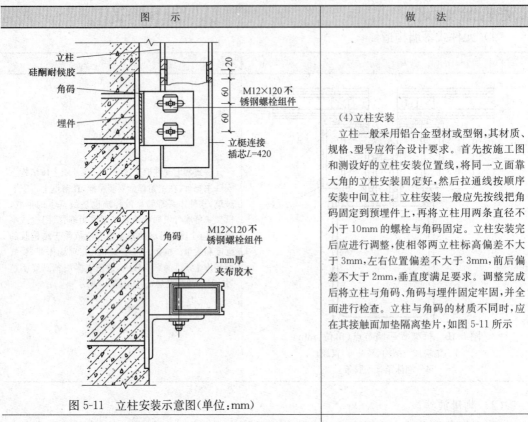 图 5-11　立柱安装示意图（单位:mm）	（4）立柱安装 　立柱一般采用铝合金型材或型钢，其材质、规格、型号应符合设计要求。首先按施工图和测设好的立柱安装位置线，将同一立面靠大角的立柱安装固定好，然后拉通线按顺序安装中间立柱。立柱安装一般应先按线把角码固定到预埋件上，再将立柱用两条直径不小于 10mm 的螺栓与角码固定。立柱安装完后应进行调整，使相邻两立柱标高偏差不大于 3mm，左右位置偏差不大于 3mm，前后偏差不大于 2mm，垂直度满足要求。调整完成后将立柱与角码、角码与埋件固定牢固，并全面进行检查。立柱与角码的材质不同时，应在其接触面加垫隔离垫片，如图 5-11 所示
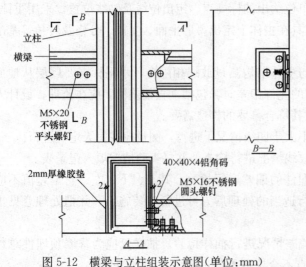 图 5-12　横梁与立柱组装示意图（单位:mm）	（5）横梁安装 　横梁一般采用铝合金型材，其材质、规格、型号应符合设计要求。立柱安装完后先用水平尺将各横梁位置线引至立柱上，再按设计要求和横梁位置线安装横梁。横梁与立柱应垂直，横梁与立柱之间应采用螺栓连接或通过角码后用螺钉连接（图 5-12），每处连接点螺栓不得少于两条，螺钉不得少于三个且直径不得小于 4mm。安装时在不同金属材料的接触面应采用绝缘垫片分隔，以防发生电化学反应

图　示	做　法
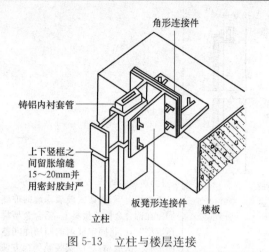 图 5-13　立柱与楼层连接	(6)楼层紧固件安装 紧固件与每层楼板连接,如图 5-13 所示

（7）避雷安装

幕墙的整个金属构架安装完后,构架体系的非焊接连接处,应按设计要求做防雷接地并设置均压环,使构架成为导电通路,并与建筑物的防雷系统做可靠连接。导体与导体、导体与构架的连接部位应清除非导电保护层,相互接触面材质不同时,应采取措施防止因电化学反应腐蚀构架材料（一般采取涮锡或加垫过渡垫片等措施）。明敷接地线一般采用 $\phi 68$ 以上的镀锌圆钢或 $3mm \times 25mm$ 的镀锌扁钢,也可采用不小于 $25mm^2$ 的编织铜线。一般接地线与铝合金构件连接宜使用不小于 M8 的镀锌螺栓压接;接地圆钢或扁钢与钢埋件、钢构件采用焊接进行连接,圆钢的焊缝长度不小于 10 倍的圆钢直径;双面焊,扁钢搭接不小于 2 倍的扁钢宽度,三面焊,焊完后应进行防腐处理。防雷系统的接地干线和暗敷接地线,应采用 $\phi 10$ 以上的镀锌圆钢或 $4mm \times 40mm$ 以上的镀锌扁钢。防雷系统使用的钢材表面应采用热镀锌处理。

图　示	做　法
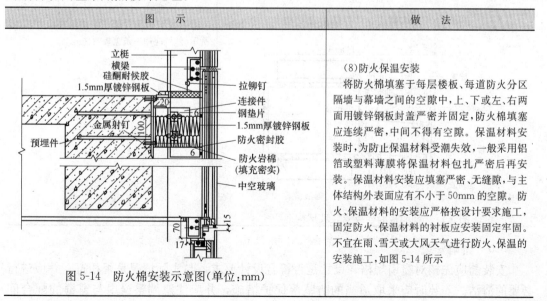 图 5-14　防火棉安装示意图(单位:mm)	(8)防火保温安装 将防火棉填塞于每层楼板、每道防火分区隔墙与幕墙之间的空隙中,上、下或左、右两面用镀锌钢板封盖严密并固定,防火棉填塞应连续严密,中间不得有空隙。保温材料安装时,为防止保温材料受潮失效,一般采用铝箔或塑料薄膜将保温材料包扎严密后再安装。保温材料安装应填塞严密、无缝隙,与主体结构外表面应有不小于 50mm 的空隙。防火、保温材料的安装应严格按设计要求施工,固定防火、保温材料的衬板应安装固定牢固。不宜在雨、雪天或大风天气进行防火、保温的安装施工,如图 5-14 所示

图　　示	做　　法

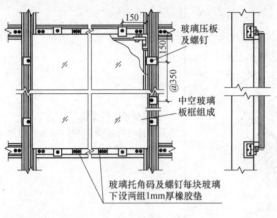

图 5-15　玻璃安装示意图（单位：mm）

（9）玻璃安装

通常情况下，框架式玻璃幕墙的玻璃直接固定在铝合金构架型材上，铝合金型材在挤压成型时，已将固定玻璃的凹槽随同整个断面形状一次成型，所以安装玻璃很方便。玻璃安装时，玻璃与构件不应直接接触，应使用弹性材料隔离，玻璃四周与构件槽口底应保持一定的空隙，每块玻璃下部应按设计要求安装一定数量的定位垫块，定位垫块的宽度应与槽口相同，玻璃定位后应及时嵌塞定位卡条或橡胶条，如图 5-15 所示。

1）玻璃安装前应进行表面清洁。除设计另有要求外，应将单片阳光控制镀膜玻璃的镀膜面朝向室内，非镀膜面朝向室外。

2）按规定型号选用玻璃四周的橡胶条，其长度宜比边框内槽口长 1.5‰~2‰；橡胶条斜面断开后应拼成预定的设计角度，并应采用胶粘剂粘结牢固，镶嵌应平整。

3）立柱处玻璃安装。在内侧安上铝合金压条，将玻璃放入凹槽内，再用密封材料密封，如图 5-16 所示。

4）横梁处玻璃安装。安装构造如图 5-17 所示，外侧应用一条盖板封住

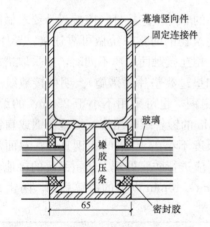

图 5-16　玻璃幕墙立柱安装玻璃构造

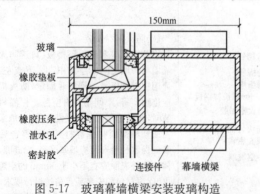

图 5-17　玻璃幕墙横梁安装玻璃构造

（10）窗扇安装

安装前应先核对窗扇规格、尺寸是否符合设计要求，与实际情况是否相符，并应进行必要的清洁。安装时应采取适当的防坠落保护措施，并应注意调整窗扇与窗框的配合间

122

隙，以保证封闭严密。

（11）侧压板等外围护组件安装

图　　示	做　　法

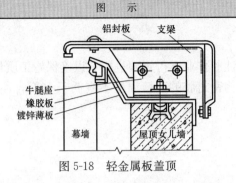

图 5-18　轻金属板盖顶

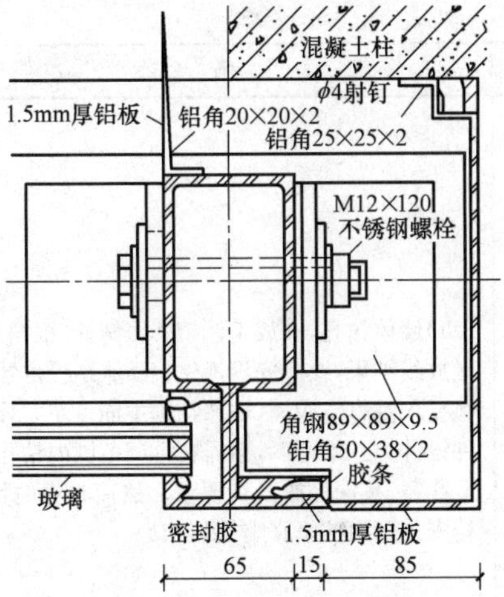

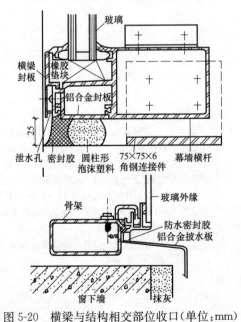

图 5-19　立柱收口构造（单位：mm）

1）玻璃幕墙四周与主体结构之间缝隙处理：采用防火保温材料填塞，内外表面采用密封胶连续封闭。

2）压顶部位处理：

① 挑檐处理：用封缝材料将幕墙顶部与挑檐下部之间的间隙填实，并在挑檐口做滴水。

② 封檐处理：用钢筋混凝土压檐或轻金属顶盖盖顶，如图 5-18 所示。

3）收口处理：

① 立柱侧面收口处理，如图 5-19 所示。

② 横梁与结构相交部位收口处理，如图 5-20 所示。

4）硅酮建筑密封胶不宜在夜晚、雨天打胶，打胶温度应符合设计要求和产品要求，打胶前应使打胶面清洁、干燥。硅酮建筑密封胶的施工应符合下列要求：

① 硅酮建筑密封胶的施工厚度应大于 3.5mm，施工宽度不宜小于施工厚度的 2 倍；较深的密封槽口底部应采用聚乙发泡材料填塞。

② 硅酮建筑密封胶在接缝内应两面粘结，不应三面粘结

图 5-20　横梁与结构相交部位收口（单位：mm）

（12）淋水试验

框架式幕墙安装完毕后，应按规定进行淋水试验，试验时间、水量、水头压力等应符合现行国家标准《建筑幕墙气密、水密、抗风压性能检测方法》GB/T 15227—2007 的规定。

（13）季节性施工

1）雨期施工时，焊接、防火保温安装、注胶作业不得冒雨进行，以确保施工质量。

2）冬季不宜进行注胶和清洗作业，注结构密封胶的环境温度不应低于 10℃，注胶后密封和清洗作业的环境温度应不低于 5℃。

5.2　石材幕墙的安装

1. 直接干挂法石材幕墙安装

图　　示	做　　法
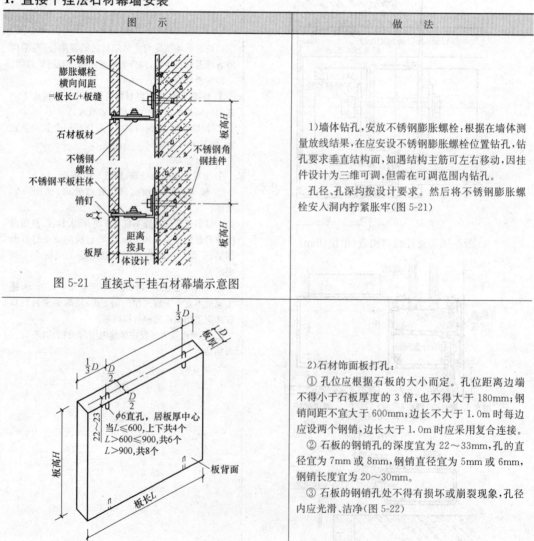	1）墙体钻孔，安放不锈钢膨胀螺栓：根据在墙体测量放线结果，在应安设不锈钢膨胀螺栓位置钻孔，钻孔要求垂直结构面，如遇结构主筋可左右移动，因挂件设计为三维可调，但需在可调范围内钻孔。 　　孔径、孔深均按设计要求。然后将不锈钢膨胀螺栓安入洞内拧紧胀牢（图 5-21）

图 5-21　直接式干挂石材幕墙示意图

2）石材饰面板打孔：

① 孔位应根据石板的大小而定。孔位距离边端不得小于石板厚度的 3 倍，也不得大于 180mm；钢销间距不宜大于 600mm；边长不大于 1.0m 时每边应设两个钢销，边长大于 1.0m 时应采用复合连接。

② 石板的钢销孔的深度宜为 22～33mm，孔的直径宜为 7mm 或 8mm，钢销直径宜为 5mm 或 6mm，钢销长度宜为 20～30mm。

③ 石板的钢销孔处不得有损坏或崩裂现象，孔径内应光滑、洁净（图 5-22）

图 5-22　石材饰面打孔示意图

图　示	做　法

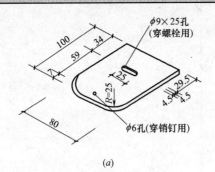

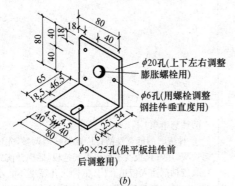

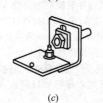

图 5-23　不锈钢挂件
(a)平板挂件；(b)角钢挂件；(c)组合后情况

3)安装不锈钢挂件。将不锈钢角钢挂件[图 5-23 (b)]临时安装在埋入主体结构的不锈钢膨胀螺栓上(螺栓帽不要拧紧)；再将不锈钢平板挂件[图 5-23 (a)]用不锈钢螺栓与不锈钢角钢挂件搭接临时固定[螺栓帽不要拧紧，图 5-23(c)]

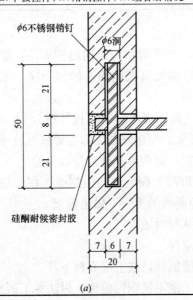

(a)

4)安装饰面石板。按已编号对号入座的饰面石板(亦可在石材背面刷胶粘剂，贴纤维网格布增强)，将它临时就位，并用不锈钢销钉通过平板挂件孔眼穿(插)入石板孔内。利用角钢挂件和平板挂件上的调整孔，进行上下、前后、左右三维调整，调整饰面石材的平整度、垂直度，调整准确后，将角钢挂件和平板挂上所有螺栓全部拧紧。

5)清理、嵌缝：饰面石板全部安装完后，进行表面清理，贴防污胶条，随即进行嵌缝(图 5-24)。板缝尺寸应根据吊挂件的厚度决定，一般在 8mm 左右。板缝处理后，对石材表面打蜡上光

图　示	做　法

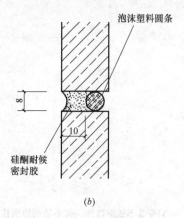

图 5-24　石材幕墙嵌缝示意图
(a)销钉孔部位嵌缝处理；(b)其他部位嵌缝处理

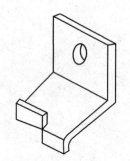

图 5-25　铝合金锚栓(卡片)示意图

6)注意事项：

① 挂板时的缝宽及销钉位置要适当调整，先试挂每块板，用靠尺板找平后再正式挂板，插钢针前先将环氧胶粘剂注入板销孔内，钢针入孔深度不宜小于20mm，后将环氧胶粘剂清洁干净，不得污染板面，遇结构凹陷过多，超出挂件可调范围时，可采用垫片调整，如还不能解决，可采用型钢加固处理，但垫片及型钢必须做防腐处理。

② 每块板经质检合格后，将挂件与膨胀螺栓连接处点焊或加双螺帽加以固定，以防挂件因受力而下滑。

直接干挂法石材幕墙除采用不锈钢销钉外，亦可采用铝合金锚栓(卡片)，如图5-25所示

2. 骨架式干挂法石材幕墙安装

1) 竖向槽钢用膨胀螺栓固定在结构柱梁上，水平槽钢与竖向槽钢焊接，膨胀螺栓钻孔位置要准确，深度在 65mm 以内。下膨胀螺栓前要将孔内粉尘清理干净，螺栓埋设要垂直、牢固，连接件要垂直、方正。

型钢安装前先刷两遍防锈漆，焊接时要求三面围焊，有效焊接长度≥12cm，焊接高h_f=6mm，要求焊缝饱满，不准有砂眼、咬肉现象。型钢安装完需在焊缝处补涂防锈漆。

2) 进行外墙保温板施工，同时留出挂件位置以待调整挂件后补齐保温板。

3) 挂线。按大样图要求，用经纬仪测出大角两个面的竖向控制线，在大角上下两端固定挂线的角钢，用钢丝挂竖向控制线，并在控制线的上、下做出标记。

4) 支底层石材托架，放置底层石板，调节并暂时固定。

5) 结构钻孔，插入固定螺栓，镶不锈钢固定件。

6) 用嵌缝膏嵌入下层石材上部孔眼，插连接钢针，嵌上层石材下孔。

7) 临时固定上层石材，钻孔，插膨胀螺栓，镶不锈钢固定件，做法见下表。

126

图　　示	做　　法
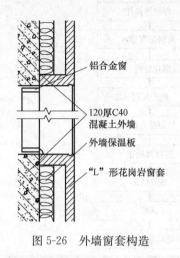 铝合金窗 120厚C40 混凝土外墙 外墙保温板 "L"形花岗岩窗套 图 5-26　外墙窗套构造	重复工序 6)和 7)，直至完成全部石材安装，最后镶顶层石材。外墙窗口石材构造如图 5-26 所示

8）清理石材饰面，贴防污胶条、嵌缝、刷罩面涂料。

3. 单元体干挂石材幕墙安装

1）单元体中的石材和玻璃的组合，按照确定的分格在工厂进行加工。

2）单元件采用水平放置的架子运输、堆放时，在楼层外沿搭设卸料平台，采用塔吊将单元体吊上卸料平台，转运进楼层，等待安装。

3）在主体结构施工时，根据设计要求，埋入预埋件。

4）在完成幕墙测量放线和物料编排后，将幕墙单元的铝码托座按照参考线，安装到楼面的预埋件上。首先点焊调节高低的角码，确定位置无误后，对角码施行满焊，焊后涂上防腐防锈油漆，然后安装横料，调整标高。

5）在楼层顶部安置吊重与悬挂支架轨道系统，以便为安装单元体用。

6）幕墙单元体从楼层内运出，并在楼面边缘提升起来，然后安装在对应的外墙位置上。调整好垂直与水平后，紧固螺栓。

7）每层幕墙安装完毕，必须将幕墙内侧包上透明保护膜，做好成品保护。

8）当单元体安装完毕，按要求完成封口扣板与单元框的连接，并完成窗台板安装及跨越两单元的石材饰面安装工作。

9）安装完毕，必须进行防水检查，以确保幕墙的防水功能。

4. 预制复合板干挂石材幕墙安装

1）预制复合板的制作工艺：根据结构的情况，考虑饰面做法，事先制作成墙、柱面的复合板，高层建筑多以立面突出柱子的竖线条为主，现以柱面的复合板制作为例，其工艺流程如下：

模板支设→石材薄板侧模就位→预制钢筋网及预埋件安装→浇筑复合板细石混凝土→养护→脱模→复合板运输。

2）花岗石复合板安装工艺（主体结构为混凝土结构）

花岗石复合板的安装工艺流程如下：

```
定位放线  →  基层处理

清理结构埋件  →  焊接连接件

                涂刷防腐涂料

                固化处理

                抛光处理

                吊装复合板

                连接件固定

                吊装检验

                嵌缝

                清理面层及打蜡
```

图　　示	做　　法
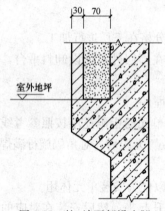 图 5-27　柱、墙下部设牛腿	① 为防止结构下沉引起的地坪处石板受剪而导致开裂脱落，在混凝土柱、墙下部增设牛腿（图 5-27）。结构下沉时，承托石板的牛腿也随结构下沉，避免石板与结构间产生附加剪力
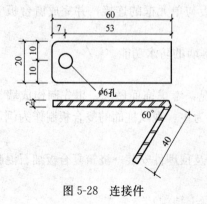 图 5-28　连接件	② 为防止石板间连接铁及挂筋锈蚀，造成石板开裂脱落，除对连接铁做防锈处理外，需采用连接件（图 5-28）。这种连接件能拖能拉，不易锈蚀，节约铜丝

5.3 金属幕墙的安装

1. 金属幕墙构造

图　　示	做　　法

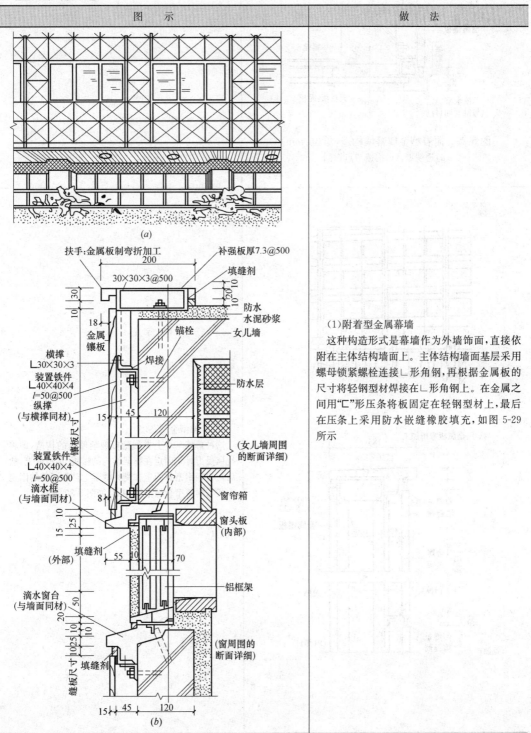

（a）

（b）

（1）附着型金属幕墙

这种构造形式是幕墙作为外墙饰面，直接依附在主体结构墙面上。主体结构墙面基层采用螺母锁紧螺栓连接└形角钢，再根据金属板的尺寸将轻钢型材焊接在└形角钢上。在金属之间用"匚"形压条将板固定在轻钢型材上，最后在压条上采用防水嵌缝橡胶填充，如图5-29所示

图　　示	做　　法

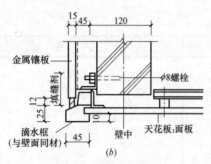

图 5-29　附着型金属幕墙构造(单位:mm)
(a)透视型;(b)构造节点详图

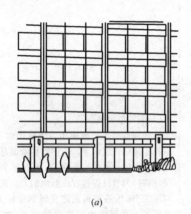

(a)

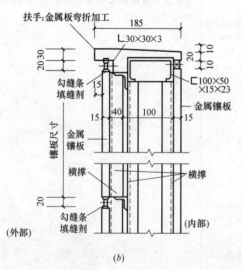

(b)

(2)构架型金属幕墙

这种幕墙基本上类似隐框玻璃墙幕的构造,即将抗风受力骨架固定在框架结构的楼板、梁或柱上,然后再将轻钢型材固定在受力骨架上。金属板的固定方式与附着型金属幕墙相同,如图 5-30 所示

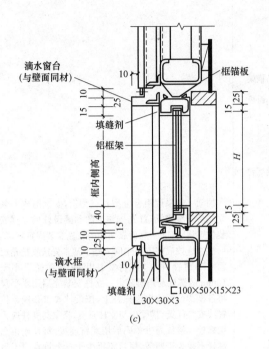

图 5-30　构架型金属幕墙(单位:mm)
(a)透视图;(b)女儿墙周围的构造;(c)窗周围的构造

2. 测量放线

从结构标高、轴线的控制点、线重新测设幕墙施工的各条基准控制线。放线时应按设计要求的定位和分格尺寸,先在首层的地、墙面上测设定位控制点、线,然后用经纬仪或激光铅垂仪在幕墙阴阳角、中心向上引垂直控制线和立面中心控制线,并用固定在结构上的钢架吊钢丝重锤做施工线。用水准仪和标准钢尺测设各层水平标高控制线,最后按设计大样图和测设的垂直、中心、标高控制线,弹出横、竖构架的安装位置线。

3. 校核预埋件、安装后置埋件

结构施工时,按照设计提供的预埋件位置图已将预埋件埋入结构内。幕墙施工前要按位置控制线、中线和标高控制线(点),对预埋件进行检查和校核,一般位置尺寸允许偏差为±20mm,标高允许偏差为±10mm。对位置超差、结构施工时漏埋或设计变更未埋的预埋件,应按设计要求进行处理或补做后置埋件,后置埋件应选用化学锚栓固定,不宜采用膨胀螺栓,并应做拉拔试验,做好施工记录。

4. 金属构架安装

图　示	做　法

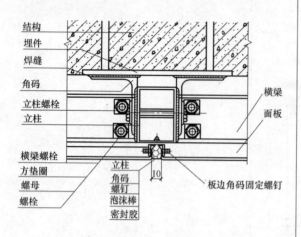

图 5-31　骨架固定节点示意图(单位:mm)

标注文字（从上到下，图左侧）：结构、埋件、焊缝、角码、立柱螺栓、立柱、横梁螺栓、方垫圈、螺母、螺栓

图中其他标注：横梁、面板、立柱、角码、螺钉、泡沫棒、密封胶、板边角码固定螺钉、10

构架一般采用铝合金型材或型钢,安装时先安装立柱后安装横梁,首先按施工图和测设好的立柱安装位置线,将同一立面靠两端的立柱安装固定好,然后拉通线按顺序安装中间立柱。通常先按线把角码固定到预埋件上,再将立柱用两条直径不小于10mm的螺栓与角码固定。立柱安装完后用水平尺将各横梁位置线引至立柱上,按设计要求和横梁位置线安装横梁,横梁应与立柱垂直,横梁与立柱应采用螺栓连接或通过角码后用螺钉连接,每处连接点螺栓不得少于两条,螺钉不得少于三个且直径不得小于4mm。各种不同金属材料的接触面应采用绝缘垫片分隔,以防发生电化学反应,骨架固定节点如图 5-31 所示,骨架、防火棉安装如图 5-32 所示

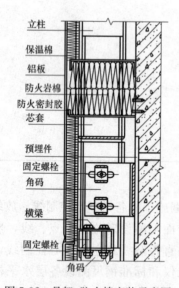

标注文字（从上到下）：立柱、保温棉、铝板、防火岩棉、防火密封胶、芯套、预埋件、固定螺栓、角码、横梁、固定螺栓、角码

图 5-32　骨架、防火棉安装示意图

5. 避雷连接

金属构架安装完后,构架体系的非焊接连接处,应按设计要求用导体做可靠的电气连接,使其成为导电通路,并与建筑物的防雷系统做可靠连接。

6. 防腐处理

金属构架体系安装完成后应全面检查,所有焊接、切割或其他原因使防腐层遭到破坏

132

的部位，应按设计要求重新补做防腐。

7. 防火、保温安装

将防火棉填塞于每层楼板、每道防火分区隔墙与金属幕墙之间的空隙中，上、下或左、右两面用镀锌钢板封盖严密并固定，防火棉填塞应连续严密，中间不得有空隙，安装固定应牢固。设计有保温要求时，保温材料安装一般为先将衬板（镀锌钢板或其他板材）固定于金属骨架后面，再将保温材料填塞于金属骨架内并与骨架进行固定，最后在保温层外表面按设计要求安装防水、防潮层。另一种安装方法是采用铝箔或塑料薄膜将保温材料包扎严密后，粘贴在金属板背面与金属板一起安装。保温材料填塞应严密无缝隙，防水、防潮包扎应严密不漏水，与金属板的粘贴固定应牢固，与主体结构外表面应有不小于50mm的空隙。防火保温材料本身、衬板和防水防潮层均应固定牢固。

8. 金属面板安装

（1）铝塑复合板安装

1）铝塑复合板节点做法

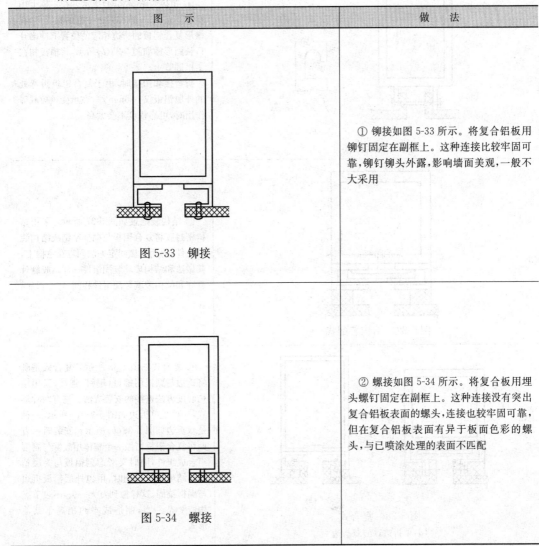

图　　示	做　　法
图 5-33　铆接	① 铆接如图 5-33 所示。将复合铝板用铆钉固定在副框上。这种连接比较牢固可靠，铆钉铆头外露，影响墙面美观，一般不大采用
图 5-34　螺接	② 螺接如图 5-34 所示。将复合板用埋头螺钉固定在副框上。这种连接没有突出复合铝板表面的螺头，连接也较牢固可靠，但在复合铝板表面有异于板面色彩的螺头，与已喷涂处理的表面不匹配

图　示	做　法
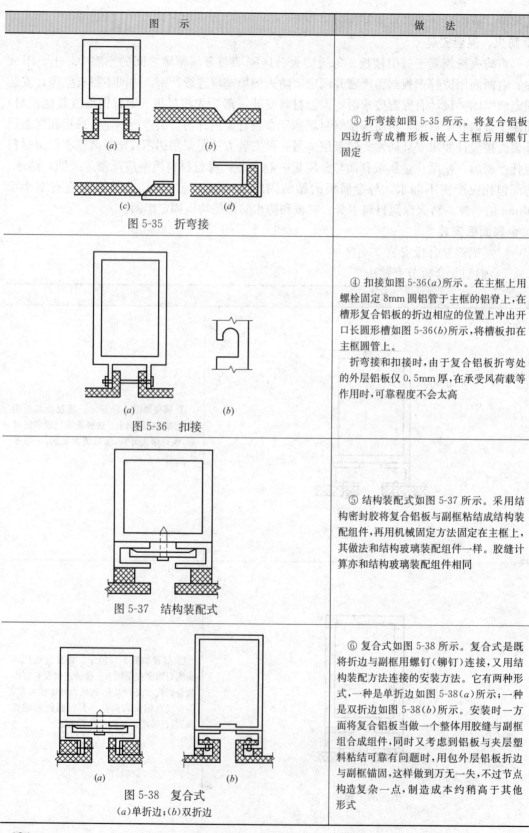 图 5-35　折弯接	③ 折弯接如图 5-35 所示。将复合铝板四边折弯成槽形板，嵌入主框后用螺钉固定
图 5-36　扣接	④ 扣接如图 5-36(*a*)所示。在主框上用螺栓固定 8mm 圆铝管于主框的铝脊上，在槽形复合铝板的折边相应的位置上冲出开口长圆形槽如图 5-36(*b*)所示，将槽板扣在主框圆管上。 折弯接和扣接时，由于复合铝板折弯处的外层铝仅 0.5mm 厚，在承受风荷载等作用时，可靠程度不会太高
图 5-37　结构装配式	⑤ 结构装配式如图 5-37 所示。采用结构密封胶将复合铝板与副框粘结成结构装配组件，再用机械固定方法固定在主框上，其做法和结构玻璃装配组件一样。胶缝计算亦和结构玻璃装配组件相同
图 5-38　复合式 (*a*)单折边；(*b*)双折边	⑥ 复合式如图 5-38 所示。复合式是既将折边与副框用螺钉(铆钉)连接，又用结构装配方法连接的安装方法。它有两种形式，一种是单折边如图 5-38(*a*)所示；一种是双折边如图 5-38(*b*)所示。安装时一方面将复合铝板当做一个整体用胶缝与副框组合成组件，同时又考虑到铝板与夹层塑料粘结可靠有问题时，用包外层铝板折边与副框锚固，这样做到万无一失，不过节点构造复杂一点，制造成本约稍高于其他形式

图　示	做　法
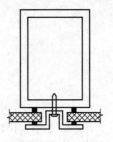 图 5-39　槽夹法	⑦ 槽夹法如图 5-39 所示。实质上是类似普通玻璃幕墙的镶嵌槽，一般与半隐框玻璃幕墙匹配使用
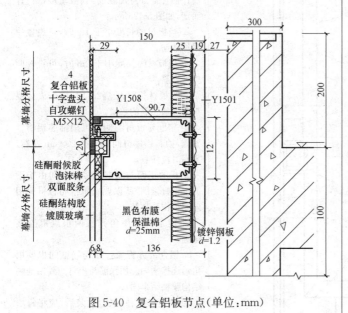 图 5-40　复合铝板节点（单位：mm）	⑧ 复合铝板用于单元式幕墙节点大样（图 5-40），复合铝板直接固定在横框上，和竖框连接用副框，它的缺点是不能在外侧更换面板

2）铝塑复合板加工与副框的组合

图　示	做　法
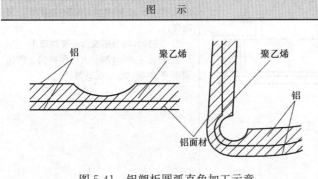 图 5-41　铝塑板圆弧直角加工示意	① 铝塑复合板加工圆弧直角时，需保持铝质面材与夹芯聚乙烯一样的厚度，如图 5-41 所示。

图　　示	做　　法

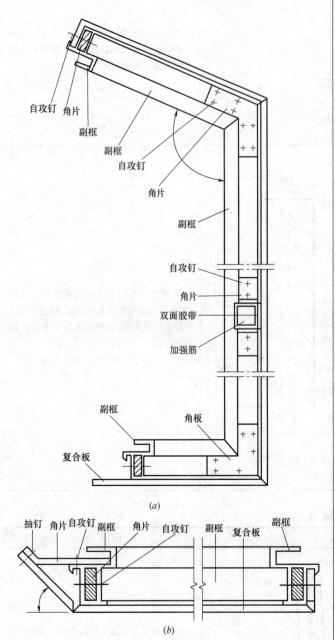

② 弯曲时,不可做多次反复弯曲。

③ 复合铝塑板边缘弯折以后,即与副框固定成形,同时根据板材的性质及具体分格尺寸的要求,要在板材背面适当的位置设计铝合金方管加强筋,其数量根据设计而定,如图 5-42 所示:

a. 当板材的长度小于 1m 时,可设置一根加强筋。

b. 当板材的长度小于 2m 时,可设置两根加强筋。

c. 当板材长度大于 2m 时,应按设计要求增加加强筋的数量。

④ 副框与板材的侧面可用抽芯铝铆钉紧固,抽芯铝铆钉间距应在 200mm 左右。紧固时应注意。

a. 板的正面与副框的接触面间由于不能用铆钉紧固,所以要在副框与板材间用硅酮结构胶粘结。

b. 转角处要用角码将两根副框连接牢固。

c. 铝合金方管加强筋与副框间也要用角码连接紧固。加强筋与板材间要用硅酮结构胶粘结牢固。

⑤ 副框有两种形状,组装后,应将每块板的对角接缝用密封胶密封,防止渗水。

⑥ 对于较低建筑的金属板幕墙,复合铝塑板组框中采用双面胶带;对于高层建筑,副框及加强筋与复合铝塑板正面接触处必须采用硅酮结构胶粘结,不宜采用双面胶带。

⑦ 安装时,切勿用铁锤等硬物敲击。

⑧ 安装完毕,再撕下表面保护膜。切勿用刷子、溶剂、强酸、强碱清洗

图 5-42　铝塑复合板与副框组合
(a)组合图之一;(b)组合图之二

3）副框与主框的连接

图　　示	做　　法

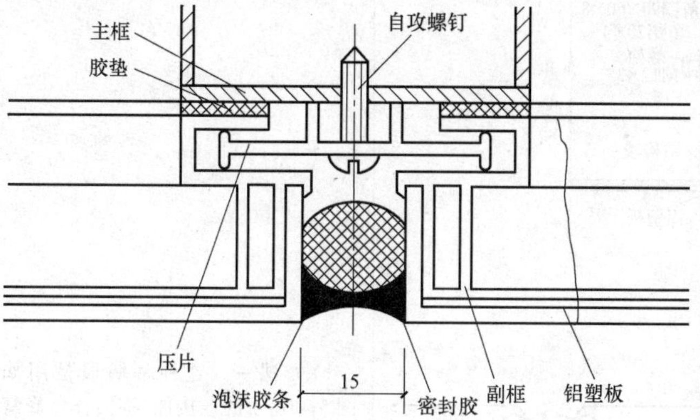

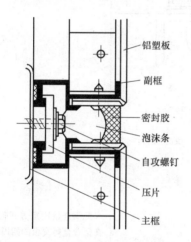

图 5-43　副框与主框的连接示意图（单位：mm）

图中标注：主框、自攻螺钉、胶垫、压片、泡沫胶条、15、密封胶、副框、铝塑板

副框与主框的连接如图 5-43 所示，副框与主框接触处应加设一层胶垫，不允许刚性连接。

① 复合铝塑板与副框组合完成后，开始在主体框架上安装。

② 复合铝塑板与板间接缝按设计要求而定，安装板前要在竖框上拉出两根通线，定好板间接缝的位置，按线的位置安装板材。拉线时要使用弹性小的线，以保证板整齐。

③ 复合铝塑板材定位后，将压片的两脚插到板上副框的凹槽里，将压片上的螺栓紧固即可。压片的个数及间距视设计要求而定，如图 5-43 所示。

④ 复合铝塑板与板之间接缝隙一般为 10～20mm，用硅酮密封胶或橡胶条等弹性材料封堵。在垂直接缝内放置衬垫棒。

⑤ 亦可采用以下安装方法，即在节点部位用直角铝型材与角钢骨架用螺钉连接，将饰面板两端加工成圆弧直角，嵌卡在直角铝型材内，缝隙用密封材料嵌填（图 5-44）

图中标注：铝塑板、副框、密封胶、泡沫条、自攻螺钉、压片、主框

图 5-44　铝塑板安装节点示意图（一）

（2）蜂窝铝板安装

铝合金蜂窝板是在两块铝板中间加不同材料制成的各种蜂窝形状夹层，如图 5-45 所示。两层铝板各有不同，用于墙外侧铝板略厚，一般为 1.0～1.5mm（为了抵抗风压）；而内侧板厚 0.8～1.0mm。

蜂窝板总厚度为 10～25mm，其间蜂夹层材料是：铝箔窝芯、玻璃钢窝芯、混合纸窝芯等。蜂窝形状一般有波纹条形、正六角形、角形、长方形、十字形、双曲线形。夹芯材料要经特殊处理，否则强度低，使用寿命短。

蜂窝铝板安装共有三种方法，见下表。

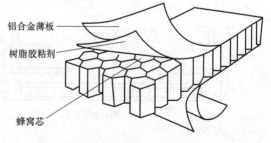

图中标注：铝合金薄板、树脂胶粘剂、蜂窝芯

图 5-45　蜂窝复合铝板

图 示	做 法

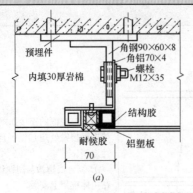

预埋件
角钢90×60×8
角铝70×4
螺栓 M12×35
内填30厚岩棉
结构胶
耐候胶
铝塑板
70

(a)

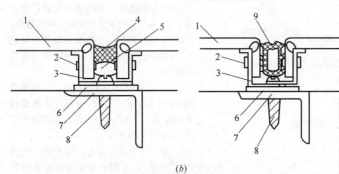

(b)

图 5-46 铝塑板安装节点示意图（二）（单位：mm）

（a）节点之一；（b）节点之二

1—饰面板；2—铝铆钉；3—直角铝型材；4—密封材料；5—支撑材料；
6—垫片；7—角钢；8—螺钉；9—密封填料

1）方法一。这种幕墙板是用如图 5-46 所示的连接件，将铝合金蜂窝板与骨架连成整体。

此类连接固定方式构造比较稳妥，在铝合金蜂窝板的四周均用如图 5-47 所示的连接件与骨架固定，其固定范围不是某一点，而是板的四周。这种周边固定的办法，可以有效地约束板在不同方向的变形。

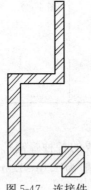

图 5-47 连接件

铝合金蜂窝板的构造和安装构造示意，如图 5-48 所示。其中图 5-48(a)，作为内衬墙用于高层建筑窗下墙部位，不仅具有良好的装饰效果，而且还具有保温、隔热、隔声、吸声等功能。

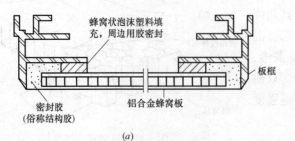

蜂窝状泡沫塑料填充，周边用胶密封
板框
密封胶（俗称结构胶）
铝合金蜂窝板

(a)

图　示	做　法

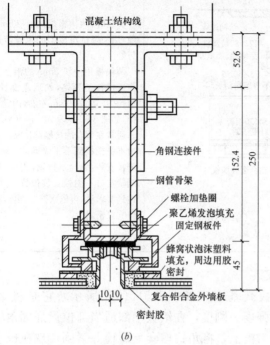

(b)

图 5-48　铝合金蜂窝板及安装构造(一)(单位：mm)

(a)铝合金蜂窝板；(b)安装构造示意图

从图 5-48(b)中可以看出，幕墙板固定在骨架上，骨架采用方钢管通过角钢连接件与结构连成整体。方钢管的间距根据板的规格来确定，骨架断面尺寸及连接板尺寸应进行计算选定。这种固定办法安全系数大，较适宜在高层建筑及超高层建筑中采用

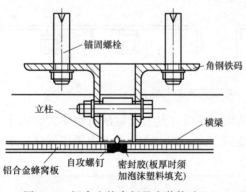

图 5-49　铝合金蜂窝板及安装构造(二)

2)方法二。铝合金蜂窝板幕墙安装时，用自攻螺钉将板固定在方管竖框上，板与板之间的缝隙用耐候硅酮密封胶封闭。如板过厚，缝的下部深处须用泡沫塑料填充，上部仍用密封胶，如图 5-49 所示

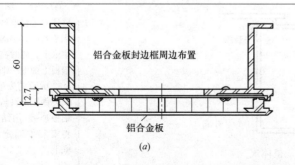

(a)

3)方法三。如图 5-50(a)所示的是用于金属幕墙的铝合金蜂窝板。这种板的特点是：固定与连接的连接件，在铝合金蜂窝板制造过程中，同板一起完成，周边用封边框进行封堵，同时也是固定板的连接件。

图　示	做　法
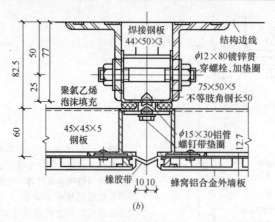	安装时，两块板之间有 20mm 的间隙，用一条挤压成型的橡胶带进行密封处理。 两块板用一块 5mm 的铝合金板压住连接件的两端，然后用螺栓拧紧。螺栓的间距 300mm 左右，固定节点大样，如图 5-50(*b*)所示。 通常在节点的接触部位易出现上下边不齐或板面不平等问题，故应将一侧板安装，螺栓不拧紧，用横、竖控制线确定另一侧板安装位置，等两板均达到要求后，再依次拧紧螺栓，打耐候硅酮胶密封

图 5-50　铝合金蜂窝板及安装构造（三）（单位：mm）

(*a*)铝合金蜂窝板；(*b*)固定节点大样

（3）单层铝合金板（不锈钢板）安装

1）单层铝板节点做法。单层铝板其基本型如图 5-51（*a*）所示。它是将 2.5mm（3mm）厚铝板冲成槽形，为加强铝板强度、刚度，在铝板中部适当部位设加固角铝（槽铝），加强肋的铝螺栓用电栓焊焊接于铝板上，将角铝槽套上螺栓并紧固。现在也有些工程将铝管用结构胶固定在铝板上作加强肋如图 5-51（*b*）所示。肋与折边应可靠连接，使折边成为肋的支座。折边、耳子上开孔的位置要保证孔中心至构件边缘的距离：顺内力方向不小于 3*d*（孔径）；垂直内力方向不小于 2*d*（孔径）。

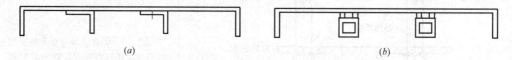

图 5-51　单层铝板基本型

单层铝板与各种类型隐框玻璃幕墙共用杆系时，其节点做法有整体式、内嵌式、外挂内装固定式、外挂外装固定式、外顿外装固定式、外扣式、不折边平板做法、单元式幕墙上铝板连节点。具体做法见下表。

图　示	做　法
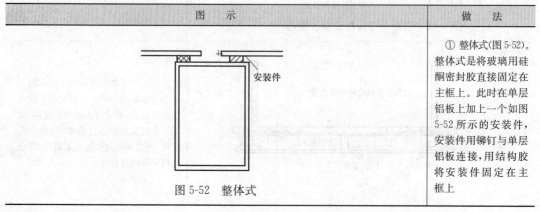 图 5-52　整体式	① 整体式(图 5-52)。整体式是将玻璃用硅酮密封胶直接固定在主框上。此时在单层铝板上加上一个如图 5-52 所示的安装件，安装件用铆钉与单层铝板连接，用结构胶将安装件固定在主框上

图　示	做　法
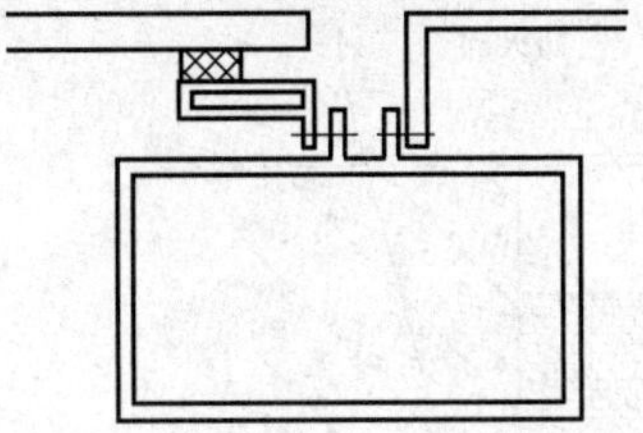 图 5-53　内嵌式	② 内嵌式(图5-53)。玻璃用密封胶固定在副框上,形成一个组件;再将组件固定在主框上,而铝板仅需将折弯边加长,直接固定在主框上
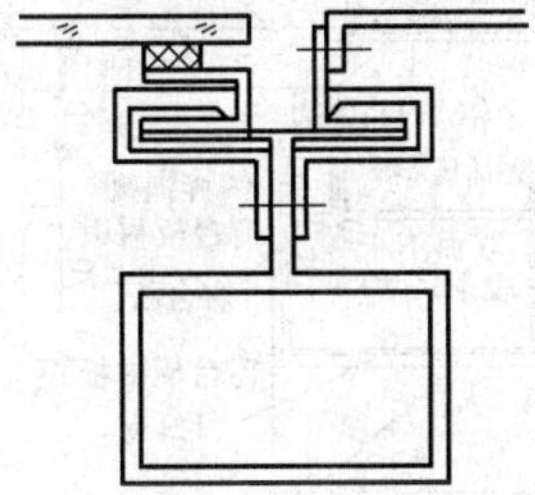 图 5-54　外挂内装固定式	③ 外挂内装固定式(图5-54)。玻璃用密封胶固定在副框上形成一个组件,再在组件内侧安装固定件,固定在主框上;铝板上安装一个安装件,再用固定件在内侧固定在主框上
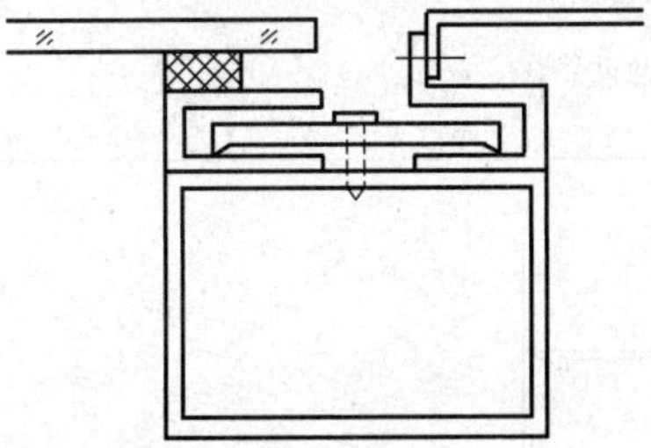 图 5-55　外挂外装固定式	④ 外挂外装固定式(图5-55)。玻璃用密封胶固定在副框上形成一个组件,再用固定件在外侧将组件固定在主框上;铝板上装一个安装件,在外侧用固定件固定在主框上
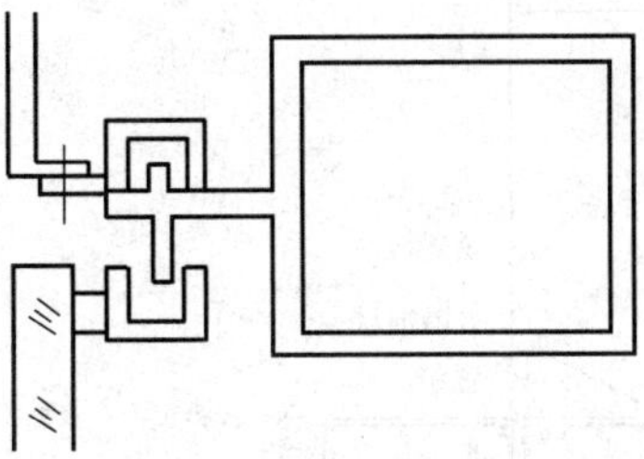 图 5-56　外顿外装固定式	⑤ 外顿外装固定式(图5-56)。与外挂外装固定式的区别仅横框改挂为顿,竖向构造完全相同,铝板上加一个安装件放在横梁上
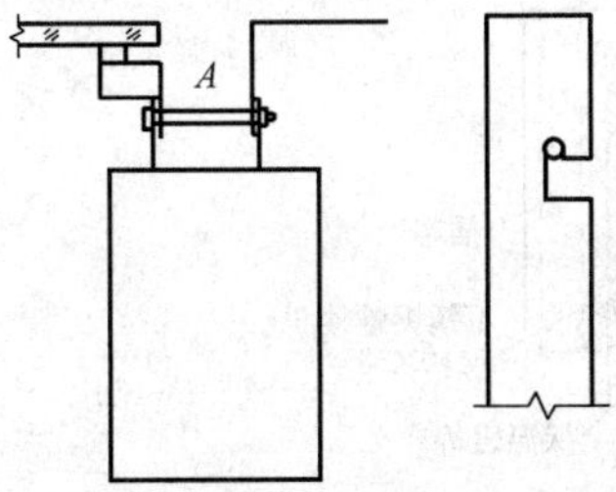 图 5-57　外扣式	⑥ 外扣式(图5-57)。是将玻璃用密封胶固定在副框上形成一个组件,在组件副框的框脚上开一开口长圆槽,扣在主框设置的圆管上,铝板只需在折边上设开口长圆槽(其位置与主框上圆管位置对应)扣在主框设置的圆管上

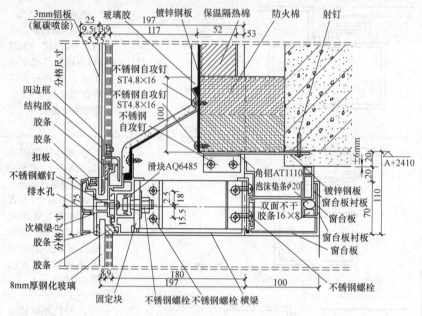

图 5-58　不折边平板做法(单位:mm)

⑦ 不折边平板做法(图 5-58)。由于冲压折边，铝板中部会隆起，外表面平整度受影响，现在有些工程采用不折边平板，它是在周边用电栓焊固定螺栓，用螺栓将单层铝板固定到副框上，副框与铝板连接部位有凹槽，槽内填密封胶，将铝板与副框连接(实际上形成一种复合连接)，再将副框用外插式连接固定在立柱(横梁)上，横向用装饰条装饰

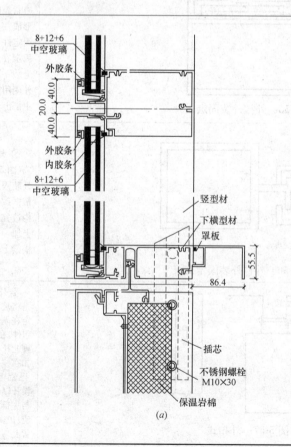

(a)

⑧ 单元式幕墙上铝板连接节点。一种是将铝板挂在横框上，而在竖框上则铆接在连接角钢上(图 5-59)，这种连接不够理想，因为铆接可靠度不高，同时铆头外露不美观，另外更换面板要清除铆钉比较困难。另一种连接方法是将铝板双折弯，在侧边上开孔，用压板将铝板固定在竖框上(图 5-60)

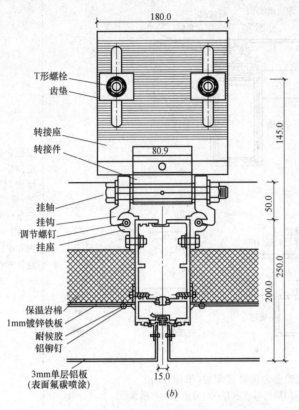

T形螺栓
齿垫
转接座
转接件
挂轴
挂钩
调节螺钉
挂座
保温岩棉
1mm镀锌铁板
耐候胶
铝铆钉
3mm单层铝板
(表面氟碳喷涂)

180.0
145.0
80.9
50.0
250.0
200.0
15.0
(b)

图 5-59　单元式幕墙铝板连接节点(一)(单位:mm)

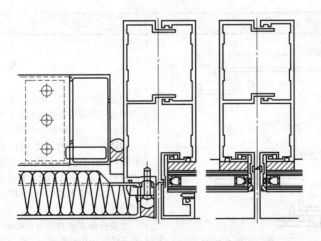

图 5-60　单元式幕墙铝板连接节点(二)

2) 单层铝板构造做法，见下表。

图　示	做　法

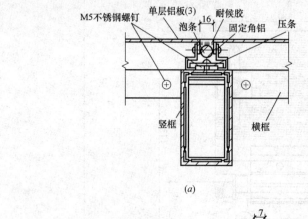

图 5-61　单层铝合金板幕墙安装(单位：mm)

(a)竖向节点示意；(b)横向节点示意；(c)异形角铝和压条

图 5-61 所示为单层铝合金板幕墙的构造做法,它是采用方形框材(方铝)为骨架,采用异形角铝和压条[单压条和双压条,图 5-61(c)]与竖向和横向框架将板材连接和收口处理

9. 合金板幕墙安装施工

(1) 铝合金板的固定

图　示	做　法

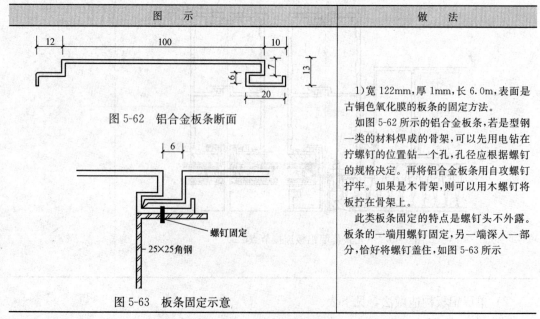

图 5-62　铝合金板条断面

图 5-63　板条固定示意

1)宽 122mm,厚 1mm,长 6.0m,表面是古铜色氧化膜的板条的固定方法。

如图 5-62 所示的铝合金板条,若是型钢一类的材料焊成的骨架,可以先用电钻在拧螺钉的位置钻一个孔,孔径应根据螺钉的规格决定。再将铝合金板条用自攻螺钉拧牢。如果是木骨架,则可以用木螺钉将板拧在骨架上。

此类板条固定的特点是螺钉头不外露。板条的一端用螺钉固定,另一端深入一部分,恰好将螺钉盖住,如图 5-63 所示

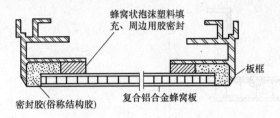

蜂窝状泡沫塑料填充、周边用胶密封

板框

密封胶(俗称结构胶)

复合铝合金蜂窝板

图 5-64　铝合金蜂窝板

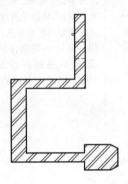

图 5-65　连接件断面

2)铝合金蜂窝板的固定。图 5-64 所示的为断面加工成蜂窝空腔状的铝合金蜂窝板。这种墙板是用图 5-65 所示的连接件,将墙板和骨架连成整体。此类连接固定方式构造比较稳妥,在铝合金板的四周,均用图 5-66 所示的连接件与骨架固定,其固定的范围不是某一点,而是板的四周

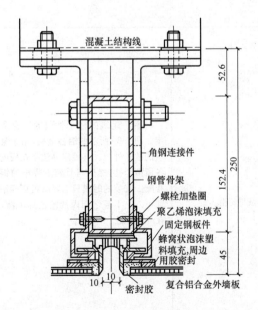

混凝土结构线

52.6

角钢连接件

钢管骨架

螺栓加垫圈

250

152.4

聚乙烯泡沫填充

固定钢板件

蜂窝状泡沫塑料填充,周边用胶密封

45

10 10

密封胶

复合铝合金外墙板

图 5-66　固定节点

145

图 示	做 法

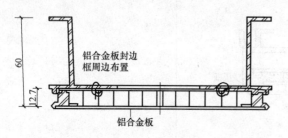

图 5-67 铝合金外墙板

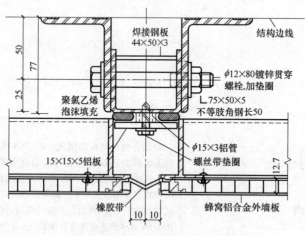

图 5-68 安装节点大样

3)用于外墙的蜂窝板的固定。图 5-67
所示的铝合金板,也是用于外墙的蜂窝板。
安装时,两块板之间有 20mm 的间隙,用一
条压成型的橡胶带进行密封处理。两块板
用一块 5mm 的铝合金板压住连接件的两
端,然后用螺钉拧紧。螺钉的间距为
300mm 左右。其固定如图 5-68 所示

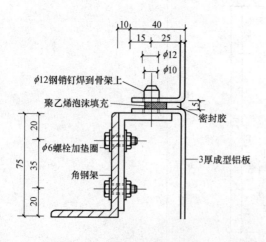

图 5-69 铝合金板固定示意

4)用于建筑的柱子外包的铝合金板固
定。图 5-69 所示的铝合金板,用于某一建
筑的柱子外包。其固定办法是在板的上下
各留两个孔,然后与骨架上焊牢的钢销钉
相配。安装的时候只需要将板穿到销钉上
即可。上下板之间内放聚乙烯泡沫,然后
在外面注胶

(2) 铝合金装饰墙板收口构造处理

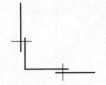

图 5-70 转角部位处理

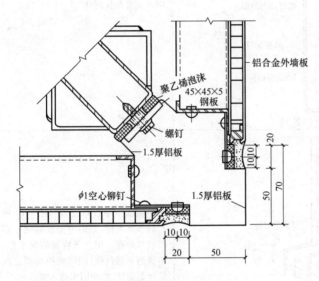

图 5-71 转角部位节点大样

1)转角处收口处理。图 5-70 是图 5-71 所示的一种具体构造处理。该种类型的转角处理构造比较简单,用一条厚 1.5mm 的直角形铝合金板,与外墙板用的螺栓连接。如果有破损,更换也比较容易。直角形铝合金板表面的颜色宜同外墙板一致

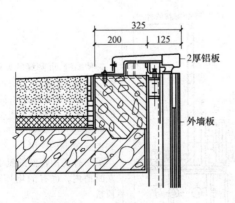

图 5-72 水平部位的盖板构造大样

2)窗台、女儿墙上部收口处理。窗台、女儿墙的上部,都属于水平部位的压顶处理,即用铝合金板盖住压顶,如图 5-72 所示,使之能阻挡风雨浸透。水平盖板的固定,通常先在基层上焊上钢骨架,然后用螺栓将盖板固定在骨架上,板的接长部位宜留 5mm 左右的间隙,并用胶密封

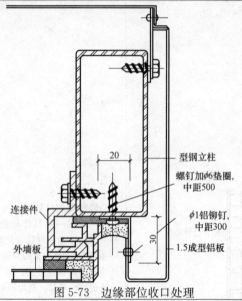

20
型钢立柱
螺钉加φ6垫圈,
中距500
连接件
φ1铝铆钉,
中距300
外墙板
30
1.5成型铝板

图 5-73　边缘部位收口处理

3）墙面边缘部位收口处理。图 5-73 所示的节点大样是墙边缘部位的收口处理,是用铝合金成型板将墙板端部以及龙骨部位封住

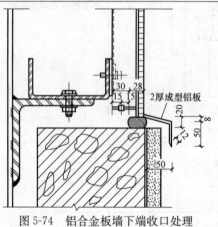

30　28
15　5
2厚成型铝板
20
50
50

图 5-74　铝合金板墙下端收口处理

4）墙面下端收口处理。图 5-74 所示的节点大样,是铝合金板墙面下端的收口处理。用一条特制的披水板,将板的下端封住,同时将板与墙之间的间隙盖住,防止雨水渗入室内

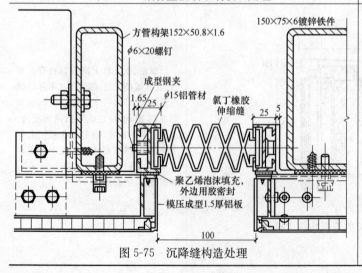

150×75×6镀锌铁件
方管构架152×50.8×1.6
φ6×20螺钉
成型钢夹
1.65　φ15铝管材
25
氯丁橡胶
伸缩缝
25　5
聚乙烯泡沫填充,
外边用胶密封
模压成型1.5厚铝板
100

图 5-75　沉降缝构造处理

5）伸缩缝、沉降缝的处理。首先要适应建筑物伸缩、沉降的需要,同时也应该考虑装饰效果。此部位也是防水的薄弱环节,其构造节点应周密考虑。在伸缩缝或沉降缝内,氯丁橡胶带起到连接、密封的作用。

图 5-75 是用特制的氯丁橡胶带卡在凹槽内。也有的用压板,用螺钉顶紧

10. 金属板幕墙细部处理

对于边角、沉降缝、伸缩缝和压顶等特殊部位均需做细部处理。它不仅关系到装饰效果，而且对使用功能也有较大影响。因此，一般多用特制的铝合金成型板进行妥善处理。具体做法见下表。

图　示	做　法
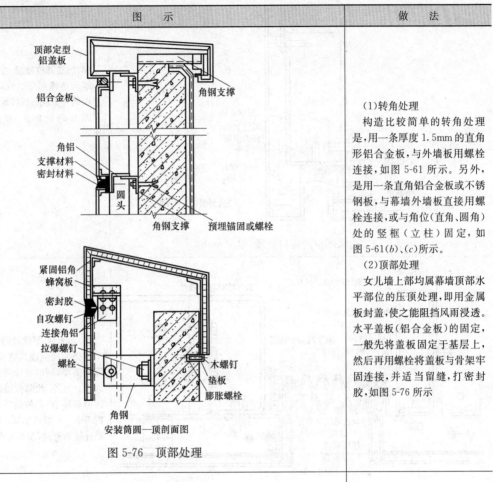 图 5-76　顶部处理	（1）转角处理 　　构造比较简单的转角处理是，用一条厚度 1.5mm 的直角形铝合金板，与外墙板用螺栓连接，如图 5-61 所示。另外，是用一条直角铝合金板或不锈钢板，与幕墙外墙板直接用螺栓连接，或与角位（直角、圆角）处的竖框（立柱）固定，如图 5-61(b)、(c) 所示。 　　（2）顶部处理 　　女儿墙上部均属幕墙顶部水平部位的压顶处理，即用金属板封盖，使之能阻挡风雨浸透。水平盖板（铝合金板）的固定，一般先将盖板固定于基层上，然后再用螺栓将盖板与骨架牢固连接，并适当留缝，打密封胶，如图 5-76 所示
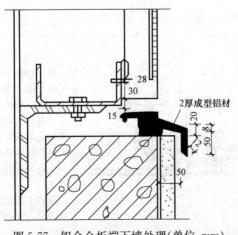 图 5-77　铝合金板端下墙处理（单位：mm）	（3）底部处理 　　幕墙墙面下端收口处理，通常用一条特制挡水板将下端封住，同时将板与墙之间的缝隙盖住，防止雨水渗入室内，如图 5-77 所示

图　　示	做　　法

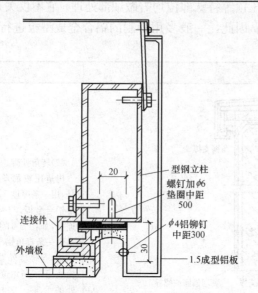

图 5-78　边缘部位的收口处理(单位:mm)

(4)边缘部位处理

墙面边缘部位的收口处理,是用铝合金成形板将墙板端部及龙骨部位封住,如图 5-78 所示

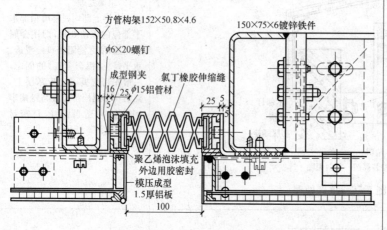

图 5-79　伸缩缝、沉降缝处理示意(单位:mm)

(5)伸缩缝、沉降缝的处理

首先要适应建筑物伸缩、沉降的需要,同时也应考虑装饰效果。另外,此部位也是防水的薄弱环节,其构造节点应周密考虑。一般可用氯丁橡胶带做连接和密封,如图 5-79 所示

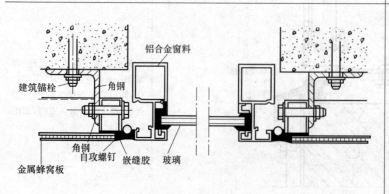

图 5-80　窗口部位处理

(6)窗口部位处理

窗口的窗台处属水平部位的压顶处理,即用金属板封盖,使之能阻挡风雨浸透(图 5-80)。水平盖板的固定,一般先将骨架固定于基层上,然后再用螺栓将盖板与骨架牢固连接,板与板间并适当留缝,打密封胶处理。

板的连接部位宜留 5mm 左右间隙,并用耐候硅酮密封胶密封

（7）淋水试验

待嵌注的胶完全固化后，对幕墙易渗漏部位进行淋水试验，试验方法和要求应符合现行国家标准《建筑幕墙气密、水密、抗风压性能检测方法》GB/T 15227—2007 的规定。

（8）表面清洗

淋水试验完成后，拆除脚手架前揭去面板表面的保护膜和缝边的纸面胶带，用清水、脱胶剂或清洁剂将整个金属幕墙表面擦洗干净，然后拆除脚手架。

5.4 隔断工程的安装

1. 纸面石膏板隔断安装施工

（1）现装隔断墙施工

1）板缝处理的做法，见下表：

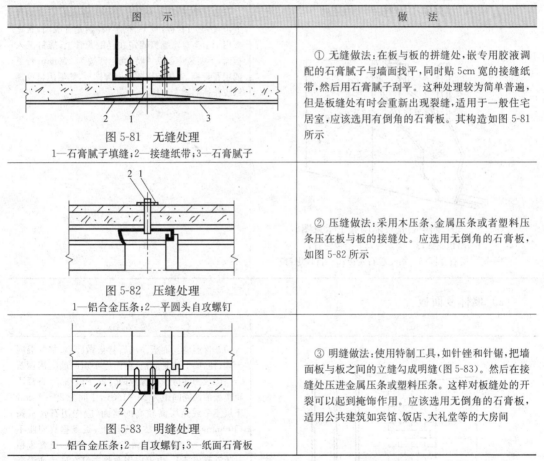

图　　示	做　　法
图 5-81　无缝处理 1—石膏腻子填缝；2—接缝纸带；3—石膏腻子	① 无缝做法：在板与板的拼缝处，嵌专用胶液调配的石膏腻子与墙面找平，同时贴 5cm 宽的接缝纸带，然后用石膏腻子刮平。这种处理较为简单普遍，但是板缝处有时会重新出现裂缝，适用于一般住宅居室，应该选用有倒角的石膏板。其构造如图 5-81 所示
图 5-82　压缝处理 1—铝合金压条；2—平圆头自攻螺钉	② 压缝做法：采用木压条、金属压条或者塑料压条压在板与板的接缝处。应选用无倒角的石膏板，如图 5-82 所示
图 5-83　明缝处理 1—铝合金压条；2—自攻螺钉；3—纸面石膏板	③ 明缝做法：使用特制工具，如针锉和针锯，把墙面板与板之间的立缝勾成明缝（图 5-83）。然后在接缝处压进金属压条或塑料压条。这样对板缝处的开裂可以起到掩饰作用。应该选用无倒角的石膏板，适用公共建筑如宾馆、饭店、大礼堂等的大房间

2）隔墙安装施工顺序。隔墙安装的施工顺序是：墙位放线→墙基（导墙）施工→安装沿地、沿顶、沿墙龙骨或是贴石膏板条→安装竖向龙骨、横撑龙骨或贯通龙骨→粘钉一面石膏板→水暖、电气钻孔、下管穿线→填充隔声、隔热材料→安装钢木门框→粘钉另一面石膏板→接缝及护角处理→安装水暖电气设备预埋件的连接固定件→饰面装修→安装踢脚板。

图　示	做　法

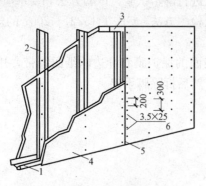

图 5-84　双层石膏板隔墙施工示意
1—沿地龙骨；2—竖龙骨；3—沿顶龙骨；
4—石膏板；5—嵌缝；6—自攻螺钉

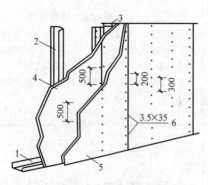

图 5-85　四层石膏板隔墙施工示意图
1—沿地龙骨；2—竖龙骨；3—沿顶龙骨；
4—第一层石膏板；5—第二层石膏板；6—自攻螺钉

　　如果是四层石膏板墙，则在粘钉一面石膏板和粘钉另一面石膏板之后，分别增加粘钉石膏板工序，如图 5-84、图 5-85 所示。

　　石膏龙骨隔墙，要用胶粘剂均匀涂抹在石膏龙骨上，再粘贴石膏板，找平、粘牢；轻钢龙骨隔墙，石膏板用十字头自攻螺钉固定在轻钢龙骨上，螺钉沉入板面，不能破坏面纸，螺钉间距四边为 200mm；若是四层石膏板，底层板用腻子嵌缝抹平，然后用自攻螺钉或胶粘剂固定面板

（2）墙体复面板

图　示	做　法

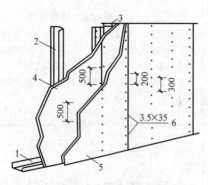

图 5-86　在石膏板背面涂抹粘结石膏

　　1)非保温墙复面板。用石膏板做砖墙、加气混凝土墙、柱、梁上的复面板，在面层平坦的墙上用稠石膏浆团成团涂抹在石膏板的背面予以粘贴，石膏团距离板的四周间距为 10～15cm，中间为 20～25cm；下层不平或是层高较高的墙面，应先用石膏板条（100mm×50mm）粘贴在基层上，板条垂直间距不大于 600mm，板条两侧留出 25mm 间隙，石膏板粘贴于石膏板条上，也可以用龙骨先钉在砖墙或混凝土墙上，再安装石膏板。

　　2)保温墙复面板。用石膏板做保温外墙的复面板，应该先将石膏龙骨粘贴在砖墙或混凝土墙上，将保温材料安装在石膏工字龙骨内，再用石膏板粘贴在石膏龙骨上。

　　墙体复面板的施工如图 5-86～图 5-89 所示

图　示	做　法

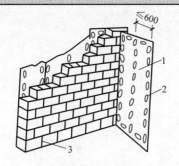

图 5-87　在石膏板背面粘结石膏条

1—石膏板；2—粘结石膏条；3—砌块

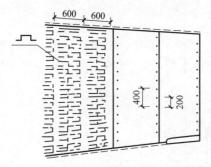

图 5-88　墙上钉┌┐形龙骨安装石膏复面板

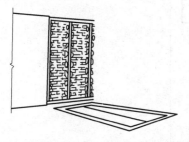

图 5-89　墙上粘贴石膏板条再粘贴石膏复面板

1）非保温墙复面板。用石膏板做砖墙、加气混凝土墙、柱、梁上的复面板，在面层平坦的墙上用稠石膏浆团成团涂抹在石膏板的背面予以粘贴，石膏团距离板的四周间距为 10～15cm，中间为 20～25cm；下层不平或是层高较高的墙面，应先用石膏板条（100mm×50mm）粘贴在基层上，板条垂直间距不大于 600mm，板条两侧留出 25mm 间隙，石膏板粘贴于石膏板条上，也可以用龙骨先钉在砖墙或混凝土墙上，再安装石膏板。

2）保温墙复面板。用石膏板做保温外墙的复面板，应该先将石膏龙骨粘贴在砖墙或混凝土墙上，将保温材料安装在石膏工字龙骨内，再用石膏板粘贴在石膏龙骨上。

墙体复面板的施工如图 5-86～图 5-89 所示

（3）轻钢龙骨纸面石膏板

图　示	做　法

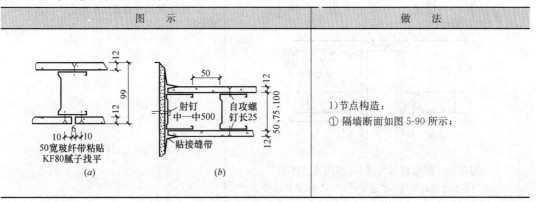

1）节点构造：
① 隔墙断面如图 5-90 所示；

图　示	做　法

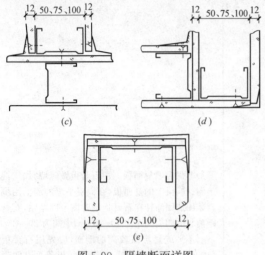

图 5-90　隔墙断面详图

(a)大墙面石膏板与龙骨的关系；(b)隔墙与主体结构连接；

(c)"丁"字接头；(d)"90°"拐角；(e)"哑口"处理

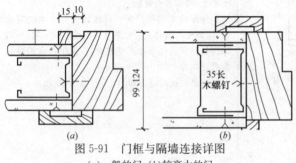

图 5-91　门框与隔墙连接详图

(a)一般的门；(b)较高大的门

② 门框与隔墙连接如图 5-91 所示；

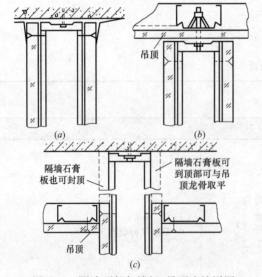

图 5-92　隔墙顶部与楼板、吊顶连接详图

(a)与楼板连接；(b)与吊顶连接；(c)与楼板、吊顶连接

③ 隔墙顶部与楼板、吊顶连接如图 5-92 所示；

图　　示	做　　法

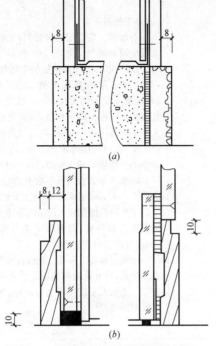

图 5-93　轻钢龙骨隔墙踢脚做法详图
(a)抹灰类踢脚；(b)木踢脚做法

④ 踢脚做法详图如图 5-93 所示：

纸面石膏板的厚度与圆弧半径的关系是：

a. 圆弧最小半径 900mm 时用 9mm 厚石膏板；

b. 圆弧最小半径 1000mm 时用 12mm 厚石膏板；

c. 圆弧最小半径 2000mm 时用 15mm 厚石膏板

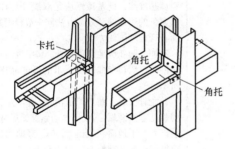

图 5-94　竖向龙骨与竖向龙骨连接

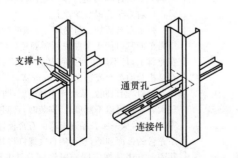

图 5-95　通贯横撑龙骨安装

2)轻钢龙骨骨架安装：

① 固定沿地、沿顶龙骨可采用射钉或钻孔用膨胀螺栓固定，中距一般以 900mm 为宜。射钉的位置应避开已敷设的暗管。

② 竖龙骨的间距应根据设计按隔墙限制高度的规定选用。当采用暗接缝时则龙骨间距应增加 6mm(如 450mm 或 600mm 龙骨间距则为 453mm 或 603mm 间距)，如采用明接缝，则龙骨间距按明接缝宽度确定。卫生间隔墙用于墙中有吊挂各种物件的要求，故龙骨间距一般为 300mm。

③ 竖龙骨应由墙的一端开始排列，当最后一根龙骨距离墙(柱)边的尺寸大于规定的龙骨间距时，必须增设一根龙骨。竖龙骨上下端应与沿地、沿顶龙骨用铆钉固定。现场需截断龙骨时，应一律从龙骨的上端开始，冲孔位置不能颠倒，并保证各龙骨冲孔高度在同一水平。

④ 安装门口立柱。根据设计确定的门口立柱形式进行组合，在安装立柱的同时，应将门口与立柱一并就位固定。

⑤ 水平龙骨的连接。当隔墙高度超过石膏板的长度时，应设水平龙骨。其连接方式有：采用沿地、沿顶龙骨与竖向龙骨连接；或采用竖向龙骨用卡托和角托连接于竖向龙骨等四种，如图 5-94 所示。

⑥ 安装通贯横撑龙骨必须与竖向龙骨的冲孔保持在同一水平上，并卡紧牢固，不得松动，如图 5-95 所示。

⑦ 固定件的装置。当隔墙中设置配电盘、消火栓、脸盆、水箱时，各种附墙设备及吊挂件，均应按设计要求在安装骨架时预先将连接件与骨架连接牢固

图　　示	做　　法

图 5-96　石膏板错缝排列

（4）安装石膏板

1）石膏板安装应用竖向排列，龙骨两侧的石膏板应错缝排列。如图 5-96 所示。石膏板用自攻螺钉固定，顺序是从板的中间向两边固定。

2）12mm 厚石膏板用长 25mm 螺钉，两层 12mm 厚石膏板时用长 35mm 螺钉。自攻螺钉在纸面石膏板上固定位置是：离纸包边的板边大于 10mm，小于 16mm，离切割边的板边至少 15mm。板边的螺钉距 250mm，边中的螺钉距 300mm。螺帽略埋入板内，但不得损坏纸面。

3）隔墙下端的石膏板不应直接与地面接触，应留 10～15mm 缝隙，并用密封膏嵌严。

4）卫生间的湿度较大的房间隔墙应做墙垫并采用防水石膏板，石膏板下端与踢脚间留缝 5mm，并用密封膏嵌严。

5）纸面石膏板上开孔。开圆孔较大时应用由花钻开孔，开方孔应用钻钻孔后用锯条修成方孔。墙面上安装接线盒后，应用 YJ4 型密封膏将四周封严

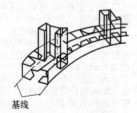

基线

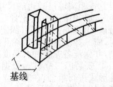

基线

图 5-97　加工圆弧沉池沿顶龙骨

（5）圆弧形墙施工

1）划线找规矩。在地面和顶棚上分别画出圆弧墙基准线。此基准线应是双线，即为沿地沿顶龙骨的边缘线。划线方法同一般轻钢龙骨纸面石膏板墙画线方法。

2）加工圆弧沉地沿顶龙骨。将沿地沿顶龙骨切割缺口后再弯曲成所要求的弧度，如图 5-97 所示。

3）龙骨安装。将"U"形沿地、沿顶龙骨按所需弧度弯出圆弧后，使圆弧边紧靠弧形基线，用射钉固定于地面和顶棚上。"C"竖向龙骨用自攻螺钉或抽芯铆钉与沿地沿顶龙骨连接牢固。竖向龙骨间距，依据设计。如果没有设计则依据圆弧长度计算确定。原则是：每块圆弧形石膏板应着力于三根竖龙骨上。

4）弧形石膏板加工与安装。一般的纸面石膏板需单面割口便于弯曲成所需弧度，才能紧贴在龙骨上，且不产生回弹应力。方法是：将纸面石膏板背面等距离割出 2～3mm 宽，板厚 2～5 深度的口（割口间距依圆弧半径确定，圆弧半径较大者甚至可以不割口）。安装时，将割口的面靠于龙骨，从一头开始逐渐弯曲石膏板，使其紧贴龙骨的弧面圆顺，然后用自攻螺钉将其固定。其固定方法及规定同一般轻钢龙骨纸面石膏板墙

2. 石膏板复合墙板隔断安装施工

图　示	做　法
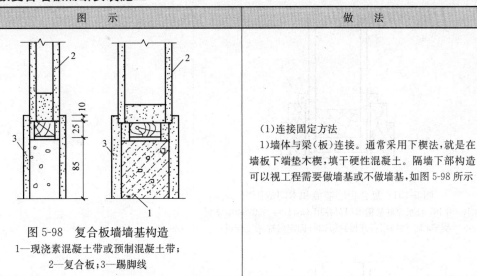 图 5-98　复合板墙墙基构造 1—现浇素混凝土带或预制混凝土带； 2—复合板；3—踢脚线	（1）连接固定方法 　1）墙体与梁（板）连接。通常采用下楔法，就是在墙板下端垫木楔，填干硬性混凝土。隔墙下部构造可以视工程需要做墙基或不做墙基，如图5-98所示
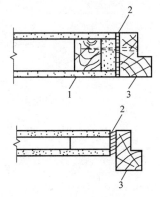 图 5-99　复合板墙和木门框固定 1—固定门框用复合板； 2—胶粘剂；3—木门框 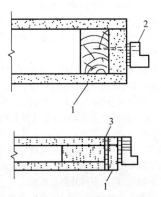 图 5-100　复合板墙和钢门框固定 1—固定门框用复合板；2—钢门框； 3—胶粘剂；4—水泥刨花板	2）墙体与门框的固定。通常选用固定门框用复合板，钢门木框固定于预埋在复合板的木砖上，可以采用粘结和钉钉结合的固定方法。如图 5-99～图 5-102所示

图 示	做 法

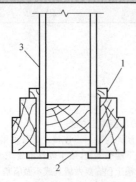

图 5-101　复合板墙端部和木门框固定
1—用 107 胶水泥砂浆粘木门口并用 4in(1in＝0.0254m)铁钉
固牢;2—贴口用石膏板封边;3—固定门框用复合板

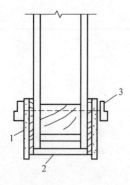

图 5-102　复合板墙端部和钢门框固定
1—用胶粘剂粘贴 12mm×105mm 水泥刨花板、用木螺钉固定;
2—贴口用石膏板封边;3—用木螺钉固定钢门框

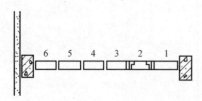

图 5-103　石膏板复合板墙安装次序示意图
1—整板(门口板);2—门口;
3—整板(门口板);4—整板;
5—整板;6—补板

(2)墙板安装

1)复合板安装最好由墙的一端开始排列,顺序安装(图 5-103)。最后剩余宽度不足整板时,须现量尺寸补板,补板宽度大于 450mm 时,在板中应该增立一根龙骨,补板时在四周粘贴石膏板条,再在板条上粘贴石膏板。

2)墙上设有窗口者,应该先安装门窗口一侧较短的墙板,随即立口,再顺序安装门口另一侧墙板。

3)复合板安装时,在板的顶面、侧面和门窗口外侧面,应先将浮土清除,均匀涂抹胶粘剂成∧字状,安装的时候,侧面要严,上下要顶紧,接缝内胶粘剂要饱满。接缝宽度为 35mm,底板空隙不大于 25mm,板下所塞的木楔上下接触面应涂抹胶粘剂,木楔通常不撤除,但是不得外露在墙面。

4)第一块复合板安装后,要检查垂直度,从前往后顺序安装时,必须上下横靠检查尺,要与相邻的板面找平,若发现板面接缝不平,应及时用夹板校正(图 5-104)

图　　示	做　　法

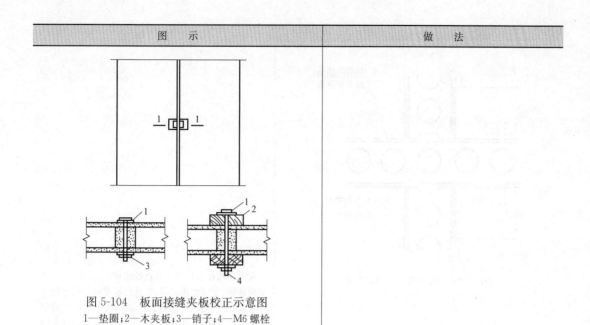

图 5-104　板面接缝夹板校正示意图

1—垫圈；2—木夹板；3—销子；4—M6 螺栓

3. 增强石膏空心条板隔墙安装施工

图　　示	做　　法

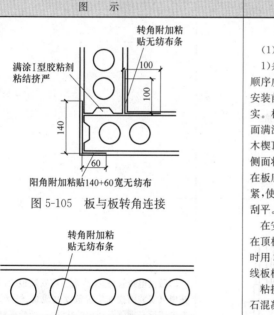

满涂 I 型胶粘剂粘结挤严

转角附加粘贴无纺布条

阳角附加粘贴140+60宽无纺布

图 5-105　板与板转角连接

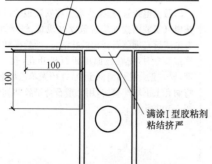

转角附加粘贴无纺布条

满涂 I 型胶粘剂粘结挤严

图 5-106　板与板丁字形连接

（1）安装隔墙条板

1）条板在各种形式节点处的连接。隔墙条板安装顺序应从墙的结合处或门边开始，依次顺序安装。安装前用聚苯乙烯泡沫塑料将条板顶端圆孔塞堵严实。板侧清除浮灰，在墙面、顶面、板的顶面及拼合面满涂 I 型石膏型粘结剂，按弹线位置安装就位，用木楔顶在板底，留 20～30mm 缝隙，再用手推条板，侧面将板挤紧，使之板缝冒浆，一个人用特制的撬棍在板底部向上顶，另一个人打木楔两组木楔对楔背紧，使条板挤紧顶实，然后用腻子刀将挤出的胶粘剂刮平。按以上操作办法依次安装隔墙板。

在安装隔墙条板时，一定要注意使条板对准预先在顶板和地板上弹好的定位线，并在安装过程中随时用 2m 靠尺及塞尺测量墙面的平整度。用 2m 托线板检查板的垂直度。

粘接完毕的墙体，应在 24h 以后用 C20 干硬性细石混凝土将板下口堵严，当混凝土墙强度达到 10MPa 以上（混凝土同条件试件），撤去板下木楔，并用干硬性混凝土捻实。

门、窗上的横板在安装前先用聚苯乙烯泡沫塑料将两端头圆孔填堵严实。横板上端与结构顶板交接处满刷粘结剂，并与 U 形卡固定卡牢（每块横板至少 2 块 U 形卡）。门、窗上横板端头安装与结构墙连接时用角钢托，与条板连接时要搭接粘牢或用角钢托固定。

图 示	做 法

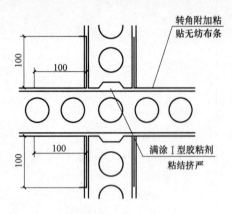

图 5-107　板与板十字形连接

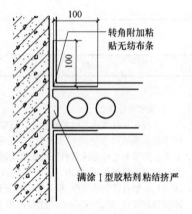

图 5-108　隔墙板与承重内外墙连接

关于条板在各种形式节点处连接,如转角连接、丁字形连接、十字形连接等,以及与承重内外墙连接方法,均在条板侧面交接处的接触面满涂Ⅰ型石膏型胶黏剂粘结挤严,并附加粘贴无纺布条(或玻纤布网格带),如图 5-105～图 5-108 所示

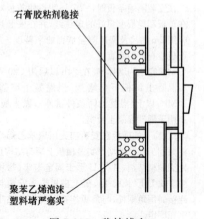

图 5-109　稳接线盒

2)敷设电线管、稳接线盒。在安装板的过程中,应按电气安装图找准位置敷设电线管、稳接线盒。所有电线管必须顺石膏板的孔铺设,严禁横铺和斜铺。稳接线盒时,先在板面用云石机开孔,孔要大小适度,要方正。孔内清洁干净,并用聚苯乙烯泡沫塑料将洞孔上下堵严塞实,用Ⅱ型石膏型胶粘剂粘牢,如图 5-109 所示

图　　示	做　　法

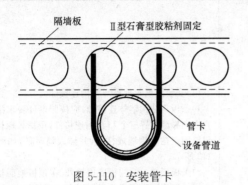

图 5-110　安装管卡

隔墙板　Ⅱ型石膏型胶粘剂固定
管卡
设备管道

3)安水暖、煤气管卡。按水暖、煤气管道安装图找标高和竖直位置,划出管卡定位线,在隔墙板上钻孔扩孔(禁止剔凿),孔内清洁干净,上下堵严,用Ⅱ型石膏型胶粘剂固定管卡,如图 5-110 所示

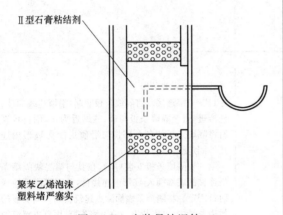

图 5-111　安装吊挂埋件

Ⅱ型石膏粘结剂
聚苯乙烯泡沫塑料堵严塞实

4)安装吊挂埋件。隔墙板上可安装碗柜、设备和装饰物,每一块板可设两个吊点,每个吊点重不大于 80kg。先在隔墙板上钻孔扩孔,孔内清洁干净,用Ⅱ型石膏型胶粘剂固定埋件,待干后再吊挂设备,如图 5-111 所示

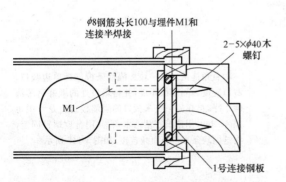

图 5-112　门框板与木门框连接

φ8钢筋头长100与埋件M1和连接半焊接
2—5×φ40木螺钉
M1
1号连接钢板

(2)安门窗框与板缝处理

1)安门窗框。一般采用的塞口的方法。钢门窗框必须与门窗口框板中预埋件焊接。

木门窗框用连接件连接,一边用木螺钉与木框连接,另一端与门窗框板中预埋件焊接。

门窗框与门窗框板之间缝隙不应超过 3mm,超过 3mm 时应加木垫片过渡。嵌缝要严密,以防止门扇开关时碰撞门框造成裂缝(图 5-112)。

2)板缝处理。隔墙板安装后 3d,检查所有缝隙是否粘结良好,有无裂缝,应查明原因后修补。

已粘接好的板缝,先清理灰尘,再刷Ⅰ型石膏胶粘剂粘接 50mm 宽聚酯无纺布(或玻纤布网格带),转角隔墙在阴、阳角处粘接 200mm 宽聚酯无纺布(或玻纤布)一层。

干燥后刮Ⅰ型石膏胶粘剂,略低于板面

4. 石膏蜂窝复合板隔墙安装施工

图　　示	做　　法

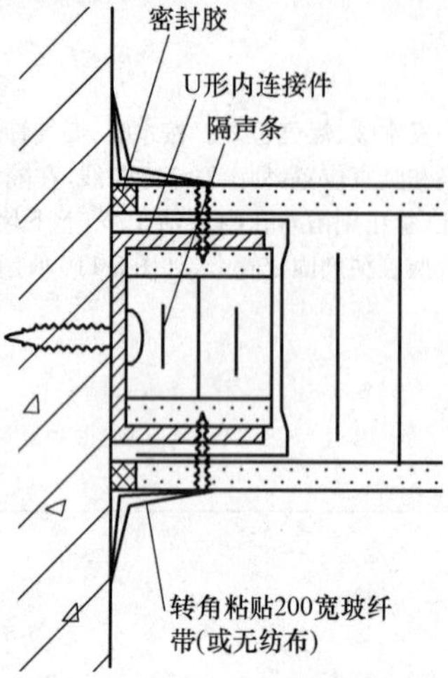

图 5-113　板与结构墙连接

(1)安装沿顶龙骨及 U 形内连接件

1)条板与结构墙体连接处,应按照设计要求沿垂直方向靠墙放置三个 U 形内连接件,用膨胀螺栓或射钉固定在结构墙或柱上,并插入隔声条,如图 5-113 所示。

2)条板顶端与结构板底连接处,在顶板地面根据放线位置用膨胀螺栓或射钉固定沿顶轻钢龙骨,间距不大于 600mm

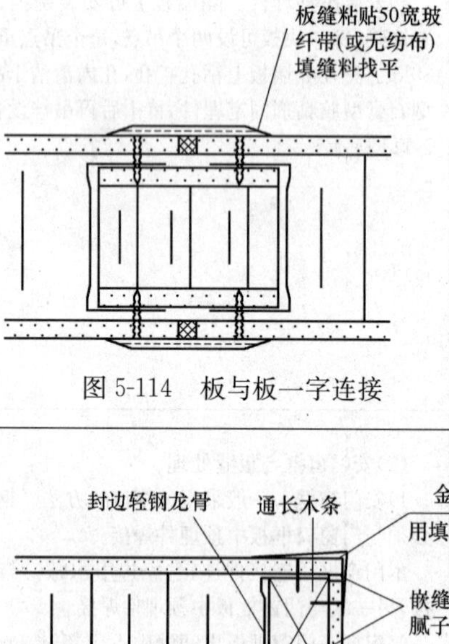

图 5-114　板与板一字连接

(2)安装隔墙条板

1)"一"字连接。将隔墙条板竖起,沿墙边线向墙、柱推进,直至隔墙条板与墙、柱贴近为止,用自攻螺钉将隔墙条板的各个部位与沿顶龙骨及 U 形内连接件固定。

第一块隔墙条板安装好后,在其与第二块隔墙条板连接的底部插入 U 形内连接件,并用膨胀螺栓或射钉固定。将隔声条表面涂点建筑胶插入隔墙板的封边龙骨中,再安装下一块隔墙条板,用自攻螺钉固定(图 5-114)

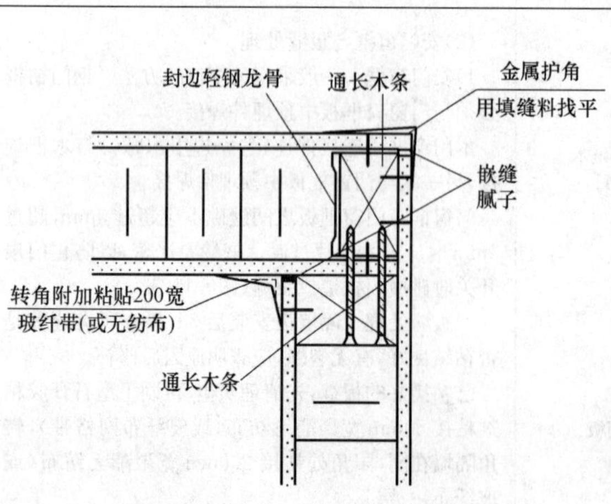

图 5-115　板与板直角连接

2)直角连接。将一块板隔墙条板进行单边裁口,裁口宽度为隔墙板厚度,并将裁口处的纸蜂窝芯清除干净,再在另一块未裁口的隔墙板封边龙骨中每隔 400mm 用建筑胶粘结木条,并用自攻螺钉固定,将这两块条板进行直角连接,如图 5-115 所示

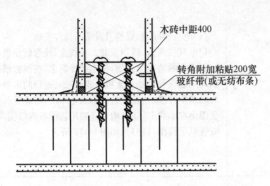

图 5-116　板与板 T 字连接

3)T 字连接。墙体连接处沿墙体线分别在 1/4、1/2、3/4 处用自攻螺钉固定木块,再将里一侧的隔墙板与木块进行 T 字连接,如图 5-116 所示:

① 将隔墙板安装至门洞口两侧校正、固定,确保两侧的隔墙板在同一平面上。

② 将通长门边木条嵌入门口两侧门框板的边缝中,校正后用自攻螺钉固定。

③ 将门上板竖木条钉在门框板竖木条上固定,其长度比门上板高度短 40mm,即该木条下端距门洞口标高上方 40mm。

④ 将门上板沿竖木条向上竖推入就位,用自攻螺钉将门上板固定。

⑤ 将门上板横木条嵌入门上板底部后固定(图 5-117)

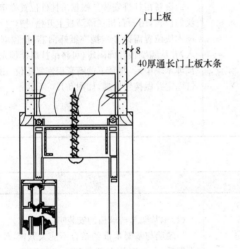

图 5-117　门上板与门框连接

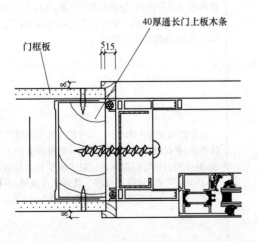

图 5-118　门框板与门框连接

(3)安门窗框

门窗框用钉子或螺钉与门窗洞口两侧隔墙板边缝中的木条固定。门窗框与门窗口板之间缝隙不宜超过 3mm,超过 3mm 时应加木垫片过渡。嵌缝要严密,以防止门扇开关时碰撞门框造成裂缝,如图 5-118 所示

图　　示	做　　法
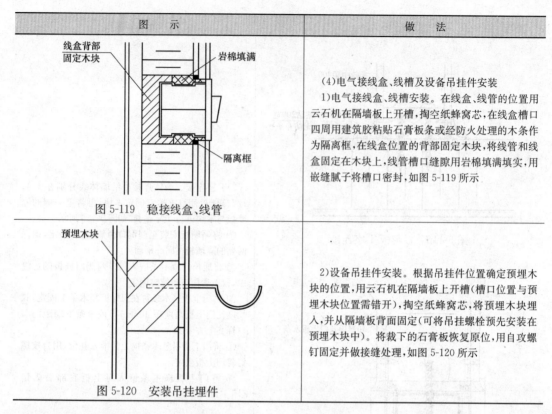	(4)电气接线盒、线槽及设备吊挂件安装 1)电气接线盒、线槽安装。在线盒、线管的位置用云石机在隔墙板上开槽,掏空纸蜂窝芯,在线盒槽口四周用建筑胶粘贴石膏板条或经防火处理的木条作为隔离框,在线盒位置的背部固定木块,将线管和线盒固定在木块上,线管槽口缝隙用岩棉填满填实,用嵌缝腻子将槽口密封,如图 5-119 所示
图 5-119　稳接线盒、线管	
	2)设备吊挂件安装。根据吊挂件位置确定预埋木块的位置,用云石机在隔墙板上开槽(槽口位置与预埋木块位置需错开),掏空纸蜂窝芯,将预埋木块埋入,并从隔墙板背面固定(可将吊挂螺栓预先安装在预埋木块中)。将裁下的石膏板恢复原位,用自攻螺钉固定并做接缝处理,如图 5-120 所示
图 5-120　安装吊挂埋件	

5. 玻璃屏风安装施工

图　　示	做　　法
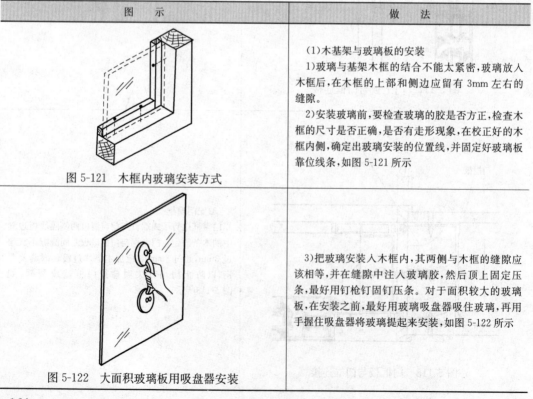	(1)木基架与玻璃板的安装 1)玻璃与基架木框的结合不能太紧密,玻璃放入木框后,在木框的上部和侧边应留有 3mm 左右的缝隙。 2)安装玻璃前,要检查玻璃的胶是否方正,检查木框的尺寸是否正确,是否有走形现象,在校正好的木框内侧,确定出玻璃安装的位置线,并固定好玻璃板靠位线条,如图 5-121 所示
图 5-121　木框内玻璃安装方式	
	3)把玻璃安装入木框内,其两侧与木框的缝隙应该相等,并在缝隙中注入玻璃胶,然后顶上固定压条,最好用钉枪钉固钉压条。对于面积较大的玻璃板,在安装之前,最好用玻璃吸盘器吸住玻璃,再用手握住吸盘器将玻璃提起来安装,如图 5-122 所示
图 5-122　大面积玻璃板用吸盘器安装	

图 示	做 法
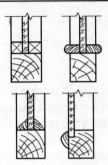 图 5-123 木压条固定玻璃板的几种形式	4)木压条的安装形式有多种,常见的安装形式如图 5-123 所示
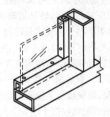 图 5-124 玻璃靠位线条及底边涂玻璃胶 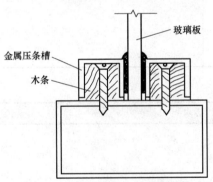 图 5-125 金属框架上的玻璃安装	(2)玻璃与金属放框架的安装 1)在安装玻璃之前,应该在框架下部的玻璃放置面上,涂一层厚为 2mm 的玻璃胶,如图 5-124 所示。玻璃安装后,玻璃的底边就压在玻璃胶层上。或者,放置一层橡胶垫,在玻璃安装之后,底边压在橡胶垫上。 2)把玻璃放在框内,并靠在靠位线条上,如果封边压条是金属槽条,安装时应注意: ① 先在槽条上打上孔,然后通过此孔在框架上打孔,这样安装就不会走位。 ② 打孔钻头要小于自攻螺钉直径 0.8mm。 ③ 在全部槽条的安装孔位都打好之后,再进行玻璃的安装。玻璃的安装方式如图 5-125 所示
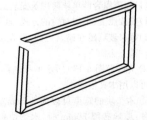 图 5-126 不锈钢槽对角口做法 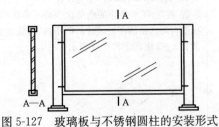 图 5-127 玻璃板与不锈钢圆柱的安装形式	(3)玻璃板与不锈钢圆柱框的安装 1)玻璃板四周不锈钢槽固定方法: ① 先在内径宽度稍大于玻璃厚度的不锈钢槽上划线,并在角位处开出对角口,用专用剪刀剪出对角口,并用什锦锉修边,使对角口合缝严密,如图 5-126、图 5-127 所示。 ② 在对角位的不锈钢槽位两侧,相隔 200～300mm 的间距钻孔。钻头要小于自攻螺钉 0.8mm。在不锈钢柱上面画出定位线和孔位线,并用同一钻孔头在不锈钢柱面上的孔位处钻孔。再用平头自攻螺钉把不锈钢槽框固定在不锈钢柱上。 ③ 将按尺寸裁好的玻璃,从上面插入不锈钢槽框内。然后向槽内注入玻璃胶,最后将上封口的不锈钢槽卡在玻璃上边,用玻璃胶固定

图　示	做　法

图 5-128　两侧不锈钢槽的玻璃安装方法

2)两侧不锈钢槽固定玻璃板的安装方法:

① 首先按照玻璃的高度锯出两截不锈钢槽,在每个不锈钢槽内打出两个孔,并按照此孔的位置在不锈钢柱上打孔。

② 安装玻璃前,先将两侧的不锈钢槽分别在上端用自攻螺钉固定于立柱上。再摆动两槽,使其与不锈钢槽错位,并同时将玻璃板斜位插进两槽,如图 5-128所示。然后,转动玻璃板,使其与不锈钢柱同线,再用手向上将玻璃板托起,让玻璃一直顶至上部的不锈钢横管。对准不锈钢槽内下部的孔位与不锈钢立柱下部的孔后,使用自攻螺钉穿入拧紧,如图 5-129 所示。最后放下玻璃板,并在不锈钢槽和玻璃槽之间、玻璃板与下横不锈钢管之间灌入玻璃胶,并将留出的玻璃胶擦干净

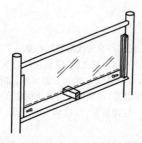

图 5-129　不锈钢槽下部孔位安装方法

6. 玻璃组合砖墙安装施工

图　示	做　法

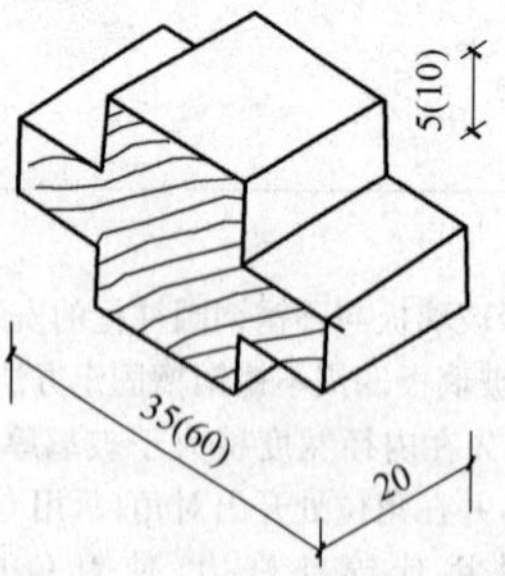

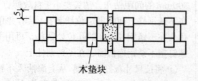

图 5-130　砌筑玻璃砖的木垫块

(1)玻璃组合砖单块砖砌筑安装法

1)要按照上、下层对缝的方式,自下而上砌筑。

2)每层玻璃砖在砌筑之前,要在玻璃上放置木垫块。其方法如下:

① 先按照图 5-130 所示形状制作木垫块,该木垫块可以用木夹板制作。

② 木垫块的宽度可以为 20mm 左右。但长度有两种:玻璃砖厚 50mm 时,木垫块长度为 35mm 左右;玻璃砖厚 80mm 时,木垫块长 60mm 左右。

③ 然后,在木垫块的底部涂少许万能胶(环氧树脂胶),将其粘贴在玻璃砖的凹槽内,每块玻璃砖上放置 2～3 块,如图 5-131 所示。

木垫块

图 5-131　玻璃砖的安装方式

图　示	做　法

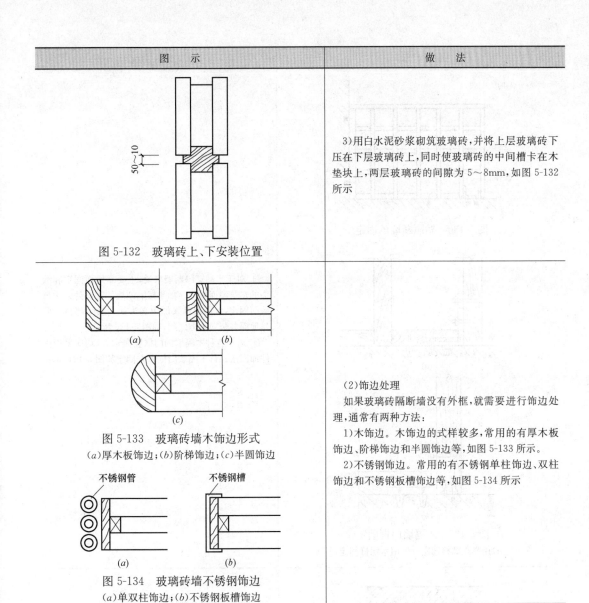

图 5-132　玻璃砖上、下安装位置

3)用白水泥砂浆砌筑玻璃砖,并将上层玻璃砖下压在下层玻璃砖上,同时使玻璃砖的中间槽卡在木垫块上,两层玻璃砖的间隙为 5~8mm,如图 5-132所示

图 5-133　玻璃砖墙木饰边形式

(a)厚木板饰边;(b)阶梯饰边;(c)半圆饰边

图 5-134　玻璃砖墙不锈钢饰边

(a)单双柱饰边;(b)不锈钢板槽饰边

(2)饰边处理

如果玻璃砖隔断墙没有外框,就需要进行饰边处理,通常有两种方法:

1)木饰边。木饰边的式样较多,常用的有厚木板饰边、阶梯饰边和半圆饰边等,如图 5-133 所示。

2)不锈钢饰边。常用的有不锈钢单柱饰边、双柱饰边和不锈钢板槽饰边等,如图 5-134 所示

7. 隔断龙骨安装施工

(1) 隔断木龙骨安装施工

图　示	做　法

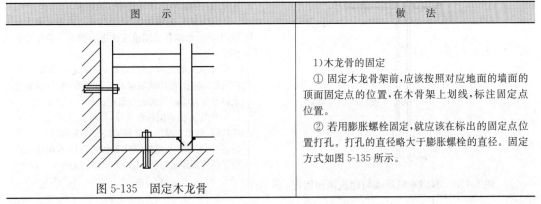

图 5-135　固定木龙骨

1)木龙骨的固定

① 固定木龙骨架前,应该按照对应地面的墙面的顶面固定点的位置,在木骨架上划线,标注固定点位置。

② 若用膨胀螺栓固定,就应该在标出的固定点位置打孔。打孔的直径略大于膨胀螺栓的直径。固定方式如图 5-135 所示。

图　　示	做　　法

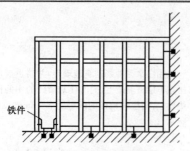

图 5-136　矮隔断墙的固定

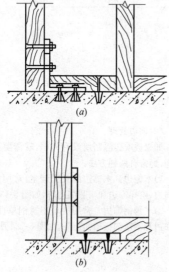

(a)

(b)

图 5-137　木隔墙门框固定
(a)用膨胀螺栓固定；(b)用木螺钉固定

③ 对于半高矮隔断墙来说，主要靠地面固定和端头的建筑墙面固定。如果矮隔断墙的端头处无法与墙面固定，常用铁件来加固端头处。加固部分主要是地面与竖向木方之间，如图 5-136 所示。

④ 对于各种木隔墙的门框竖向木方，均应采用铁件加固法。其木隔墙门框木方固定如图 5-137 所示

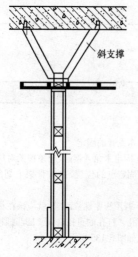

图 5-138　有门木隔断墙与建筑顶面固定

2)隔墙与吊顶的连接

① 对于无门的隔断墙来说，当其和铝合金龙骨吊顶或是轻钢龙骨吊顶接触时，只要求相接缝隙小、平直即可。当其与木龙骨吊顶接触时，应该将吊顶的木龙骨与隔断墙的沿顶龙骨钉接起来。

② 对于有门的隔断墙，考虑门开闭的振动和人来往的碰动，所以其顶端也应该进行固定。固定方法如下：

a. 木隔断的竖向龙骨（墙筋）应穿过吊顶面，至少在门框的竖向龙骨顶端应穿过吊顶面，在吊顶面之上再与建筑层的顶面进行固定。

b. 固定方法常用斜角支撑，斜角支撑可以是木方或角铁，斜角支撑杆与建筑层的顶面夹角以 60°角为好，斜角支撑杆与建筑层的顶面可以用木楔铁钉或膨胀螺栓来固定，其方式如图 5-138 所示

（2）隔断轻钢龙骨安装施工

图　　示	做　　法

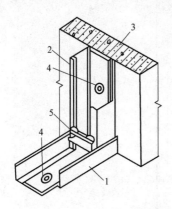

图 5-139　沿地、沿墙龙骨与墙地固定
1—沿地龙骨；2—竖向龙骨；3—墙或柱；
4—射钉及垫圈；5—支撑卡

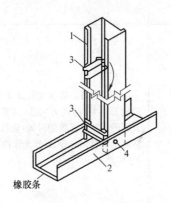

橡胶条

图 5-140　竖向龙骨与沿地龙骨固定
1—竖向龙骨；2—沿地龙骨；3—支撑卡；4—铆眼

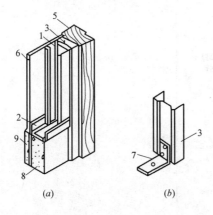

(a)　　　　　　　(b)

1)不同部位与不同龙骨的固结

①边框龙骨(包括沿地龙骨、沿顶龙骨和沿墙、柱龙骨)和立体结构固定。一般采用射钉技术，也就是按照中距<1.0m打入射钉与主体结构固定；也可以采用电钻打孔打入膨胀螺栓或在主体结构上留预埋件的方法，如图 5-139所示。

②竖向龙骨用铆钉与沿顶、沿地龙骨固定，如图 5-140所示。

③门框和竖向龙骨的连接。根据龙骨类型有多种做法，有采取加强龙骨和木门框连接的方法，也可以用木门框两侧向上延长，插入沿顶龙骨和竖向龙骨上。还可以采用其他固定方法，如图 5-141所示

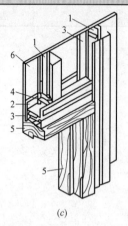

(c)

图 5-141　木门框处构造

(a)木框处下部构造;(b)用固定件与加强

龙骨连接;(c)木框处上部构造

1—竖向龙骨;2—沿地龙骨;3—加强龙骨;4—支撑卡;

5—木门框;6—石膏板;7—固定件;

8—混凝土踢脚座;9—踢脚板

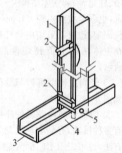

图 5-142　竖龙骨与沿地龙骨的连接

1—竖龙骨;2—支撑卡;3—橡胶条;

4—沿地龙骨;5—铆孔

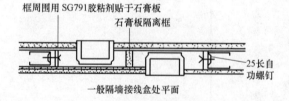

框周围用 SG791胶粘剂贴于石膏板

石膏板隔离框

25长自功螺钉

一般隔墙接线盒处平面

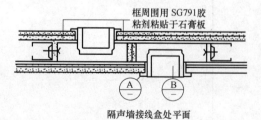

框周围用 SG791胶粘剂粘贴于石膏板

隔声墙接线盒处平面

2)安装龙骨。墙体龙骨通常采用 75、100 系列的 C 形龙骨,均为成品,只需要在现场进行长度的切割。安装的时候,先固定天、地龙骨,然后安装竖向龙骨、横撑龙骨和加强龙骨,如图 5-142 所示。

图　示	做　法

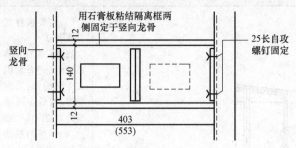

石膏板隔离框图

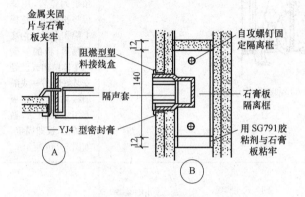

图 5-143　接线盒固定示意图

骨架内的管线应该同时安装并固定牢固,接线盒固定示意如图 5-143 所示。边龙骨和结构可以用钉子或膨胀螺栓固定,如图 5-144 所示。支撑龙骨和竖向龙骨的连接必须使用专用的连接件,如图 5-145 所示。龙骨安装以后要检查整体稳定性

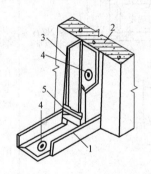

图 5-144　竖龙骨与墙体的连接
1—沿地龙骨;2—墙体;
3—竖龙骨;4—射钉;5—支撑卡

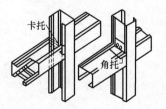

图 5-145　支撑龙骨与竖龙骨的连接

8. 板材式轻质隔墙安装施工

图　示	做　法

图 5-146　支设临时方木后隔墙安装示意图

（1）安装板材式轻质隔墙

隔墙安装宜先将粘接面用钢丝刷刷去表面的油污、污物等，然后在隔墙板的上端涂抹一层约 3mm 厚的粘接砂浆。再将板立于预定的位置，用撬棍将板撬起，使板上端和上部结构底面粘紧，板的一侧与主体结构或已经安装好的另一块隔墙板粘紧，并在板下用木楔顶紧，撤出撬棍，板即固定，如图 5-146 所示

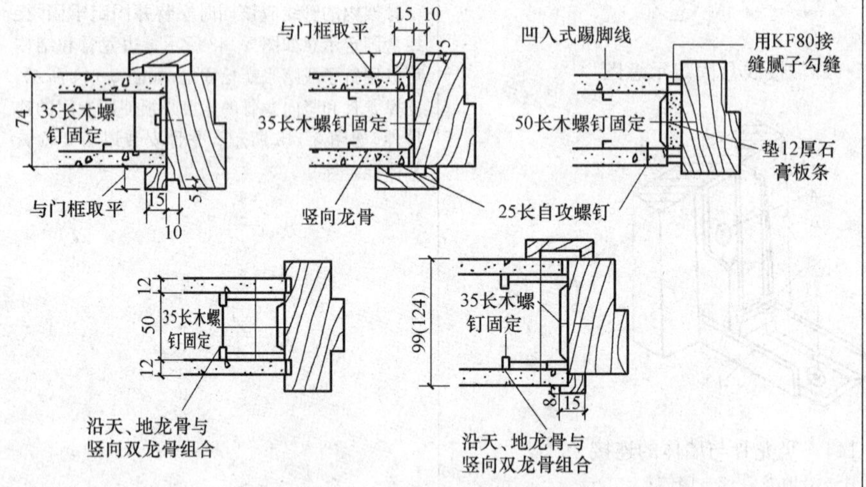

图 5-147　墙体与木门框节点连接图

（2）板材式轻质隔墙细部处理

板墙的安装关键在细部处理，细部节点主要有板和主墙的连接、板与板的连接和板与门、窗的连接，如图 5-147 所示

172

第 6 章 油漆与裱糊

6.1 油漆的方法

1. 油漆分类

油漆产品分类是以油料基料中主要成膜物质为基础。将油料划分为 17 大类，见表 6-1。

油漆（涂料）分类表 表 6-1

序号	代号 (汉语拼音字母)	按成膜 物质类型	代表主要成膜物质
1	Y	油脂漆类	天然动、植物油、清油(熟油)、合成油
2	T	天然树脂漆类	松香及其衍生物，虫胶、乳酪素、动物胶、大漆及其衍生物(包括由天然资源所产生的物质以及经过加工处理后的物质)
3	F	酚醛树脂漆类	改性酚醛树脂、纯酚醛树脂
4	L	沥青漆类	天然沥青、石油沥青、煤焦沥青
5	C	醇酸树脂漆类	甘油醇酸树脂、季戊四醇酸树脂、其他改性醇酸树脂
6	A	氨基树脂漆类	腺醛树脂、三聚氰胺甲醛树脂、聚酰亚胺树脂
7	Q	硝基漆类	硝酸纤维素脂
8	M	纤维素漆类	乙基纤维、苄基纤维、羟甲基纤维、醋酸纤维、醋酸丁酸纤维、其他纤维脂及醚类
9	G	过氯乙烯漆类	过氯乙烯树脂
10	X	乙烯漆类	氯乙烯共聚树脂、聚醋酸乙烯及其共聚物、聚乙烯醇缩醛树脂、聚二乙烯乙炔树脂、含氟树脂
11	B	丙烯酸漆类	丙烯酸酯树脂、丙烯酸共聚物及其改性树脂
12	Z	聚酯漆类	饱和聚酯树脂、不饱和聚酯树脂
13	H	环氧树脂漆类	环氧树脂、改性环氧树脂
14	S	聚氨酯漆类	聚氨基甲酸酯
15	W	元素有机漆类	有机硅、有机钛、有机铝等元素有机聚合物
16	J	橡胶漆类	天然橡胶及其衍生物、合成橡胶及其衍生物
17	E	其他漆类	不包括在以上所列的其他成膜物质

2. 色漆的调配

（1）色漆调配一般应根据选定的颜色样板配色，除所配颜色应符合选定的色样外，漆膜干燥后应能达到质量要求。

调配油漆颜色时，必须选用同类涂料，否则可能造成废品。各厂家的调和漆品种、性质不同，在配色之前，应先了解其性能，并进行试配，看看能否共同调和使用，切勿随意调配。

（2）各种颜色都可由红、黄、蓝三种最基本的颜色拼成，如图 6-1（a）所示，黄与蓝拼成绿色，红与蓝拼成紫色，红与黄拼成橙色，红、黄、蓝相拼成黑色。所以红、黄、蓝这三种色称为原色，如图 6-1（b）所示，图中实线角所指的是三种原色，虚线三角所指的是相邻两种原色混合而配得的复色。如把三种原色的配比作更多的变化，就可调配出更多的不同色彩。

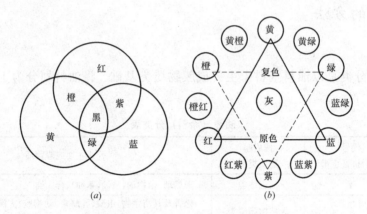

图 6-1 颜色图

（a）颜料拼色法；（b）颜色圈

（3）在调配颜色时，将两种原色拼成一种复色，与其对应的另一个色则为补色。补色加入复色中会使颜色变暗、变土，因此需要注意。调色与其补色的关系，见表 6-2。

调色与其补色的关系 表 6-2

调色	成色	补色	调色	成色	补色	调色	成色	补色
红与蓝 蓝与黄	紫 绿	黄 红	黄与红 紫与绿	橙 橄榄	蓝 橙	绿与橙 橙与紫	柠檬 赤褐	紫红 绿

（4）原色或复色用白色冲淡，可得出深浅不等的颜色，如红色加白色，可成粉红色，浅粉红色。当在原色或复色中加入不同分量的黑色时，可得到明度不同的各种色彩，如棕色、灰色、草绿、墨绿等。举例见表 6-3。

油漆配色参考表（%） 表 6-3

所需配制颜色漆	用漆品种						
	绿	白	黄	浅绿	蓝	铁红	黑
豆绿色	38	25	22	25	—	—	—
草绿色	—	11	50	—	4	15	20
深绿色	80	—	—	—	20	—	—
海蓝色	—	68	—	9	23	—	—
天蓝色	—	94	—	—	6	—	—
钢灰色	—	88	—	—	1	—	11

所需配制颜色漆	用 漆 品 种						
	绿	白	黄	浅绿	蓝	铁红	黑
中灰色	—	92	—	—	0.5	—	7.5
枯黄色	—	—	18	—	—	80	2
军黄色	—	—	73	—	4	20	3
奶油色	—	97	—	3	—	—	—
电机灰	—	95	2	—	0.3	—	2.7

3. 涂漆方法

建筑工程上常用的涂漆方法有以下几种：

图　　示	做　　法
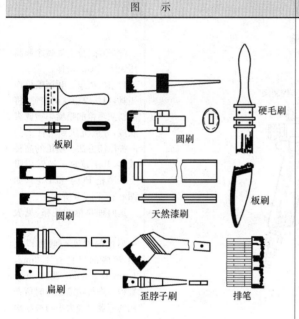 图 6-2　多种涂刷	（1）刷涂：刷涂是人工以特制的刷子进行涂漆的一种方法。 这种刷涂方法的优点是：节省材料，工具简单，操作技术也容易掌握，施工条件不受限制，通用性、适应性较强。 其缺点是：生产效率低，且被涂物件表面漆膜质量、外观也不够良好。涂刷好坏，很主要的因素取决于实际操作者的直接经验。 油漆刷是主要工具，其种类很多，按照形状，大约可分为圆形、扁形和弯脖形三种。按照制刷所用材料可分为硬毛刷和软毛刷两种。硬毛刷主要用猪鬃制作，软毛刷常用狼毫、獾毛、绵羊和山羊毛等制作，常用刷子如图 6-2 所示
 图 6-3　滚涂工具	（2）滚涂：滚涂油漆施工方法有手工滚涂和机械滚涂两种方法，在建筑工程上通常采用的是手工滚涂。 手工滚涂，是用羊毛或其他多孔性吸附材料制成的辊子，如图 6-3 所示。先在平盘上滚以漆液，再施加轻微的压力，便可涂于被涂的物面上。 此法适用于室内建筑墙面的涂漆工程，漆膜较均匀，无流挂现象。但边角处不易滚到，仍须用刷子补刷

图　　示	做　　法

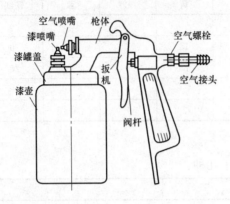

图 6-4　PQ-1 型喷枪

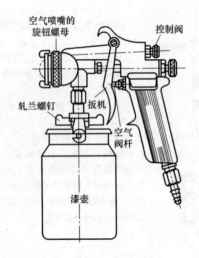

图 6-5　PQ-2 型喷枪

（3）喷涂：分空气喷涂和高压无空气喷涂两种。

1）空气喷涂。利用喷枪作工具，以压缩空气的气流，将漆料从喷枪的喷嘴中喷成雾状液，分散沉积到工件上的一种涂漆方法。喷枪的品种较多，其中建筑工地常用吸上式喷枪 PQ-1 和 PQ-2，如图 6-4～图 6-5 所示。

这两种喷枪的规格，见表 6-4。

喷枪的喷嘴一般可以更换，喷嘴的口径有 1.2mm，1.8mm、2.5mm 及 4.5mm 数种。进行喷涂工作时所选用的喷嘴口径大小与被喷涂工件有关

喷枪规格　　　　　　表 6-4

项　　目	PQ-1	PQ-2
工作压力（N/mm^2）	0.28～0.35	0.4～0.5
喷枪喷涂有效距离 25cm，喷雾面积（cm^2）	3～8	13～14
喷嘴口径（mm）	—	1.8

图　示	做　法

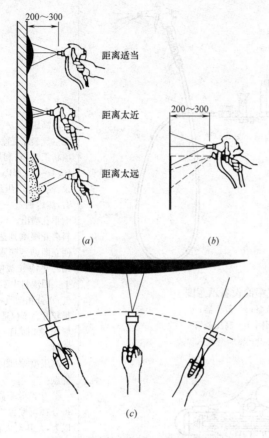

图 6-6　喷枪的距离和喷枪的位置

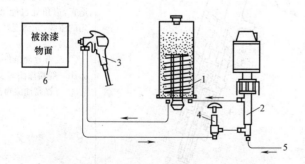

图 6-7　热喷涂设备流程示意图
1—油漆预热器 70℃；2—高压泵；3—喷枪；
4—反压阀；5—涂料、溶剂；6—被涂漆物面

　　喷枪与涂漆表面的距离与油漆耗量有很大关系，喷枪距离表面越远，形成漆雾越多，油漆耗量也越大[图 6-6(a)]。所以选择喷枪和涂漆表面之间的距离，尽量考虑使它不产生大量漆雾又能喷获最大面积，一般为 200～300mm[图 6-6(b)]。当喷涂大表面时，不要将喷枪作弓形路线移动，否则中部的漆膜就特别厚，周边的漆膜将会逐渐地变薄。喷枪与涂漆表面应保持垂直，喷枪位置倾斜，油漆喷到木器表面就不均匀，离喷枪远的一侧漆膜就薄，较近的一个侧面漆膜就厚，从整个表面看来就会出现带状的不平处[图 6-6(c)]。喷枪的移动速度应该稳定不变，不能忽快忽慢，否则，漆膜厚度就会不均匀。

　　空气喷涂需耗用大量稀释剂，把漆稀释到一定的黏度才能喷涂，为节省溶剂，也有采用对油漆进行加温，称为热喷涂。用这种方法施工，稀释剂的消耗比一般喷涂法可节省 2/3 左右，一次喷涂漆膜厚度增加，所以喷涂次数可减少，劳动生产率也提高。热喷涂的施工设备流程示意如图 6-7 所示

图 示	做 法

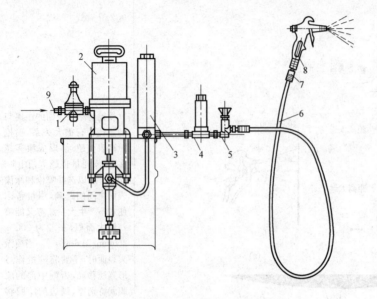

图 6-8 高压无空气喷涂设备示意图
1—调压阀;2—高压泵;3—蓄压器;
4—过滤器;5—截止阀门;6—高压胶管;
7—旋转接头;8—喷枪;9—压缩空气入口

2)高压无空气喷涂。高压无空气喷涂是涂料施工的一项新工艺,它利用压缩空气(0.4~0.6MPa)驱动高压泵,使油漆增压到15MPa左右,然后通过一个特殊的喷嘴小孔喷出。当受高压的涂料离开喷嘴到达大气中时,便立即剧烈膨胀,雾化成极细的小漆粒被喷涂到工件上。因漆料中不混有压缩空气、水分和杂质,故漆膜的质量较好。不仅适宜于喷涂一般喷涂,而且可喷高黏度涂料。

高压喷涂(图 6-8、图 6-9)优点:

① 生产效率高,每支喷枪每分钟可喷涂 3.5~5.5m² 以上,尤其对大面积施工更为显著。

② 漆膜质量好,一次喷涂就能渗入缝隙或凹陷处,尤其对除锈后的粗糙表面更为适宜,边角处也能形成较均匀的漆膜,光洁度好,附着力能提高。

③ 改善劳动条件,高压喷涂比一般喷涂漆雾少。

④ 可提高油漆喷涂黏度

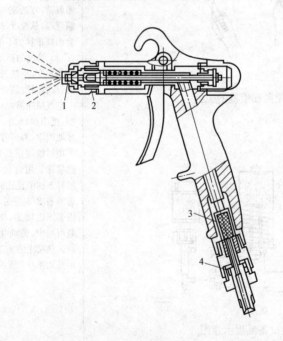

图 6-9 高压喷枪
1—喷嘴;2—针阀;3—过滤器;4—旋转接头

178

4. 美术涂饰

美术涂饰，是以油和油性涂料为基本材料，运用美术的手法，把人们喜爱的花卉、鱼鸟、山水等动、植物的图像，彩绘在室内墙面、顶棚等处，作为室内装饰的一种形式。

美术涂饰一般分为中级和高级两级，并在一般油漆工程完成的基础上进行。涂饰的色调和图案可以随环境需要来选择，在正式施工前应做样板，方可大面积施工。常用的几种美术涂饰如下：

（1）滚花涂饰：滚花涂饰是在一般油漆工程已完成，以面层油漆为基础进行的。首先，按设计要求的花纹图案，在橡胶或软塑料的辊筒上刻成模子，操作时，应在面层油漆表面弹出垂直粉线，然后沿粉线自上而下进行。滚筒的轴必须垂直于粉线，不得歪斜。花纹图案应均匀一致，颜色调和并符合设计要求，不显接槎。滚花完成后，周边应划色线或做花边方格线。

（2）仿木纹涂饰：一般是仿硬质木材的木纹，如黄菠萝、水曲柳、榆木、核桃等木纹，通过专用工具和艺术手法，用油漆涂饰在室内墙面上。油饰完成后，似镶木质墙裙；在木门、窗表面上，亦可用同样方法涂饰仿木纹。

1）仿木纹涂饰方法见下表：

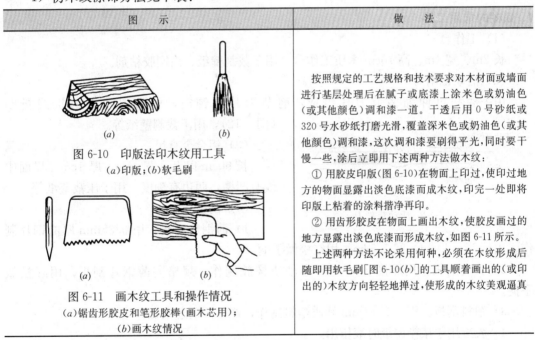

图　　示	做　　法
图 6-10　印版法印木纹用工具 (a)印版；(b)软毛刷 图 6-11　画木纹工具和操作情况 (a)锯齿形胶皮和笔形胶棒(画木芯用)； (b)画木纹情况	按照规定的工艺规格和技术要求对木材面或墙面进行基层处理后在腻子或底漆上涂米色或奶油色(或其他颜色)调和漆一道。干透后用 0 号砂纸或 320 号水砂纸打磨光滑，覆盖深米色或奶油色(或其他颜色)调和漆，这次调和漆要刷得平光，同时要干慢一些，涂后立即用下述两种方法做木纹： ① 用胶皮印版(图 6-10)在物面上印过，使印过地方的物面显露出淡色底漆而成木纹，印完一处即将印版上粘着的涂料揩净再印。 ② 用齿形胶皮在物面上画出木纹，使胶皮画过的地方显露出淡色底漆而形成木纹，如图 6-11 所示。 上述两种方法不论采用何种，必须在木纹形成后随即用软毛刷[图 6-10(b)]的工具顺着画出的(或印出的)木纹方向轻轻地掸过，使形成的木纹美观逼真

2）施涂注意事项：

① 涂饰前，要测量室内的高度，然后根据室内的净高确定仿木纹墙裙的高度，习惯做法的仿木纹墙裙的高度为室内净高的 1/3 左右，但不应高于 130cm，不低于 80cm。

② 分格时，应注意横、竖木纹板的尺寸比例关系，使之比例和谐，立木纹约为横木纹的 4 倍左右。

③ 底子的颜色，以浅黄色或浅米黄色为宜，力求底子油漆的颜色和木料的木色近似。

④ 面层油漆的颜色要比底子油深，且不得掺快干油，宜选用干燥结膜较慢的清漆，以满足工作度的要求。

⑤ 第二遍腻子应加少量石黄，以便和第一遍腻子颜色有区别，可以防止漏刷。但第二遍腻子应比第一遍腻子略稀点。

⑥ 涂饰完成后，表面应施涂一遍罩面清漆。

（3）仿大理石涂饰：

1）一种方法是用丝棉经温水浸泡后，拧去水分，用手甩开使之松散，以小钉挂在墙面上，并将丝棉理成如大理石的各种纹理状。油漆的颜色一般以底层涂料的颜色为基底，再喷涂深、浅两色，喷涂的顺序是浅色→深色→白色，共为三色。喷完后即将丝棉揭去，墙面上即显出细纹大理石纹。

2）另一种方法是在底层涂好白色油漆的面上，再刷一道浅灰色油漆，不等干燥时就在上面刷上黑色的粗条纹，条纹要曲折不能端直。在油漆将干未干时，用干净刷子把条纹的边线刷混，刷到隐约可见，使两种颜色充分调和。

涂饰完成后，表面应施涂一遍罩面清漆。

6.2 裱糊的方法

1. 裱糊的常用工具

（1）工作台

长 2m、宽 1m、高 70cm 木质工作台。用于裁割壁纸、涂刷胶粘剂。

（2）活动裁割刀

由手柄和可伸缩多节刀片组成，前节刀片用钝时，可沿刀片上的折线折断（图 6-12），用于裁割壁纸等。

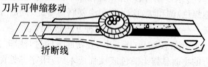

图 6-12 活动裁割刀

（3）铝合金直尺

长 90cm 以上，宽 4cm，厚 1cm。尺面中线有凹槽，两边有刻度。用于压裁壁纸等。

（4）刮板

1）薄钢片刮板。用 0.35mm 厚的钢片制作。边长 12～14cm，宽 7.5cm，用红松做手柄。

2）胶皮刮板。用厚度 3～4mm 半硬质橡胶制作，规格同薄钢片刮板，用红松做手柄。

3）塑料刮板。用 0.5～1mm 硬质塑料制作，规格同前述刮板。

4）胶滚用于裱糊壁纸时滚压用。

（5）其他工具

除上述工具外，还应准备 2m 直尺、钢卷尺、水平尺、剪刀、开刀、鬃刷、排笔、毛巾、塑料或搪瓷桶、小台秤、线袋（弹线用）、梯子、高凳等。

2. 壁纸裱糊的施工工艺

（1）基层处理和要求裱糊壁纸的基层，要求坚固密实，表面平整光洁，无疏松、粉化，无孔洞、麻点和飞刺，表面颜色应一致。含水率不得大于 8%。木质基层（含水率不大于 12%）和石膏板等轻质隔墙，要求其接缝平整，不显接槎，不得外露钉头，钉眼用油性腻子填平。

附着牢固、表面平整的旧溶剂型涂料墙面，裱糊前应打毛处理。

图　示	做　法
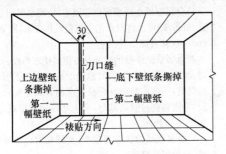 图 6-13　搭接法裱贴示意图 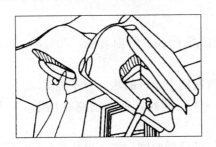 图 6-14　天花板（顶棚）裱贴	（2）裱糊的施工： 1）搭接法裱糊。搭接法裱糊是指壁纸上墙后，先对花拼缝并使相邻的两幅重叠，然后用直尺与壁纸裁割刀在搭接处的中间将双层壁纸切透，再分别撕掉切断的两幅壁纸边条（图 6-13），最后用刮板或毛巾从上向下均匀地赶出气泡和多余的胶液使之贴实。刮出的胶粘剂用洁净的湿毛巾擦拭干净。 2）拼接法裱糊。拼接法裱糊是指壁纸上墙前先按对花拼缝裁纸，上墙后，相邻的两幅壁纸直接拼缝、对花。在裱糊时要先对花、拼缝，然后用刮板或毛巾从上向下斜向赶出气泡和多余的胶液使之贴实。刮出的胶粘剂用湿毛巾擦干净。 3）推贴法裱糊。此法多用于顶棚裱糊壁纸。一般先裱糊靠近主窗处，方向与墙平行。裱糊时将壁纸卷成一卷，一人推着前进，另一人将壁纸赶平，赶密实（图 6-14）。推贴法胶粘剂宜刷在基层上，不宜刷在纸背上
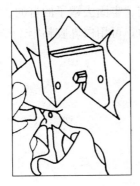 图 6-15　电气开关位置裱贴 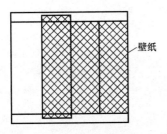 图 6-16　顶端与底端的剪切	（3）注意事项： 1）为保证壁纸的颜色、花饰一致，裁纸时应统一安排，按编号顺序裱糊。主要墙面应用整幅壁纸，不足幅宽的壁纸应用在不明显的部位或阴角处。 2）有花饰图案的壁纸，如采用搭接法裱糊时，相邻两幅应使花饰图案准确重叠，然后用直尺在重叠处由上而下一刀裁断，撕掉余纸后粘贴压实。 3）壁纸不得在阳角处拼缝，应包角压实，壁纸裹过阳角不小于 20mm。阴角壁纸搭缝时，应先裱糊压在里面的壁纸，再粘贴面层壁纸，搭接面应根据阴角垂直度而定，一般宽度不小于 3mm。 4）遇有基层卸不下来的设备或突出物件时，应将壁纸舒展地裱在基层上，然后剪去不需要部分，使突出物四周不留缝隙（图 6-15）。 5）壁纸与顶棚、挂镜线、踢脚线的交接处应严密顺直。裱糊后，将上下两端多余壁纸切齐，撕去余纸贴实端头（图 6-16）。 6）整间壁纸裱糊后，如有局部翘边、气泡等，应及时修补

3. 金属壁纸裱糊工艺要点

图　示	做　法
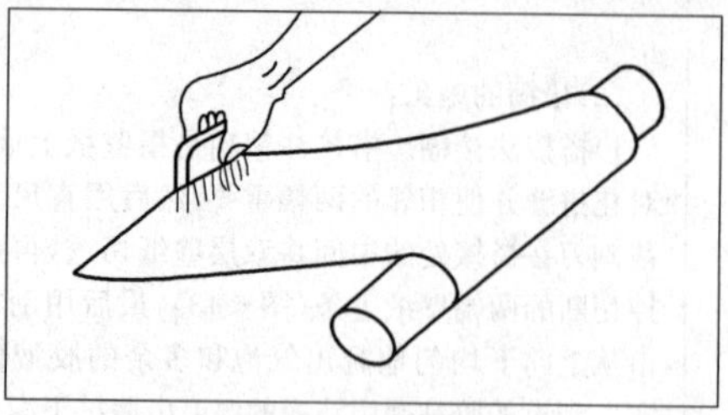 　图 6-17　金属壁纸涂胶方法	1）金属壁纸在裱糊前也需浸水，但浸水时间较短，1～2min 即可。将浸水的金属壁纸抖去水，阴放 5～8min，在其背面涂胶。 2）金属壁纸涂胶的胶液是专用的壁纸粉胶。涂胶时，准备一卷未开封的发泡壁纸或长度大于壁纸宽的圆筒，一边在裁剪好并浸过水的金属壁纸背面涂胶，一边将刷过胶的部分，向上卷在发泡壁纸卷上，如图 6-17 所示。 3）金属壁纸的收缩量很少，在裱糊时可采用对缝裱，也可用搭缝裱。 4）其他要求与普通壁纸相同

4. 麻草壁纸裱糊工艺

（1）用热水将 20％的羧甲基纤维素溶化后，配上 10％的白乳胶，70％的 108 胶，调匀后待用。用胶量为 0.1kg/m²。

（2）按需要下好墙纸料，粘贴前先在墙纸背面刷上少许的水，但不能湿。

（3）将配合好的胶液取出一部分，加水 3～4 倍调好，粘贴前刷在墙上，一层即可（达到打底的作用）。

（4）将配好的胶加 1/3 的水调好，粘贴时往壁纸背面刷一遍，再往打好底的墙上刷一遍，即可粘贴。

（5）贴好壁纸后用小胶辊将壁纸压一遍，达到吃胶、牢固去褶子的目的。

（6）完工后再检查一遍，有开胶或粘不牢固的边角，可用白乳胶粘牢。

参 考 文 献

［1］ 中华人民共和国建设部.《住宅装饰装修工程施工规范》（GB 50327—2001）［S］. 北京：中国建筑工业出版社，2001.

［2］ 中华人民共和国住房和城乡建设部.《铝合金门窗》（GB/T 8478—2008）［S］. 北京：中国计划出版社，2008.

［3］ 国家标准.《建筑幕墙气密、水密、抗风压性能检测方法》（GB/T 15227—2007）［S］. 北京：中国标准出版社，2007.

［4］ 中国建筑标准设计研究院.《建筑室内吊顶工程技术规程》（CECS 255：2009）［S］. 北京：中国计划出版社，2009.

［5］ 中国建筑标准设计研究院.《建筑装饰装修工程质量验收规范》（GB 50210—2001）［S］. 北京：中国标准出版社，2001.

［6］ 徐长玉. 装饰工程制图与识图［M］. 北京：机械工业出版社，2005.

［7］ 王萱、王旭光. 建筑装饰构造［M］. 北京：化学工业出版社，2006.